BIAD 2016 优秀方案设计

北京市建筑设计研究院有限公司 主编

U0295993

中国建筑工业出版社

编制委员会	朱小地	徐全胜	张 青	张 宇	郑 实	邵韦平
	齐五辉	徐宏庆	孙成群			
主　　编	邵韦平					
执 行 主 编	郑 实	柳 澎	朱学晨	吉亚君		
文 字 编 辑	刘锦辉	苗鹤澜				
美 术 编 辑	王祥东					

序

为鼓励建筑创作，提升企业核心竞争力，打造"BIAD 设计"品牌，北京市建筑设计研究院有限公司（BIAD）创作中心依据 BIAD《优秀方案评选管理办法》的要求，组织进行了 2016 年度 BIAD 优秀方案的评选工作。参加评选的项目为 2015 年 7 月 - 2016 年 6 月期间完成的原创方案设计项目。范围包括项目投标阶段和工程设计阶段的方案，涵盖公共建筑、居住建筑及居住区规划、城市规划与城市设计、景观设计、室内设计等类型。

获奖作品从 192 个申报方案中产生。由 7 位来自公司内外的专家组成的评审委员会经过认真、客观、公正地投票评选，最终选出一等奖 20 项，二等奖 23 项，三等奖 53 项。

从总体上看，本届申报方案数量较去年略有下降，但表现出较高的整体水平，即使未入围获奖的项目也表现出一定的水平和特色。限于篇幅，本书仅详细呈现一、二等奖方案，列表介绍三等奖方案。这些项目中，有的已在实施中；一些虽未能实施，但方案中许多亮点具有很强的专业价值，可供专业人士分享和借鉴。

通过每年的 BIAD 优秀方案作品，可以看到 BIAD 人具有的专业力量以及对国家的城市建设所作出的贡献。近年来，经过全体建筑师的不懈努力，BIAD 方案原创能力不断提升，BIAD 在设计方法、理论研究与职业责任方面的探索取得很大进展。大部分优秀方案作品在传统、地域、文化、美学、社会、经济、功能、技术等方面的多元综合性上取得了良好的平衡，或在某些方面特色突出，或在结构、绿色、设备等方面采用了先进、适宜的技术，符合可持续发展原则。

国家当前正经历减量提质的经济转型与变革，BIAD 也将面临同样的考验。我们需要不断提升 BIAD 的设计原创水平与科技创新能力。在先进理念的引领下，将心智创造和先进技术转化为价值，才能赢得市场。在展示 BIAD 过去一年方案创作成绩的同时，我们还不敢有丝毫的自满。相对于更高的行业标准，优秀方案中真正称得上力作的还是为数不多。从总体水平看，大部分方案在场所环境应对、建筑体系创新、设计成果表现方面具有相当的提升空间。

我们希望通过 2016 年度 BIAD 优秀方案作品集的出版，让更多的设计同行以及行业内人士有机会了解 BIAD 优秀方案中收获的经验和方法。借此推动 BIAD 建筑创作的发展进步，期待 BIAD 在新的一年里创作出更多的优秀作品以贡献给社会。

目录

张家口奥体中心项目

一等奖 • 公共建筑／重要项目

• 合作设计／中选投标方案

项目地点 • 河北省张家口市新区

方案完成／交付时间 • 2016 年 1 月 26 日

设计特点

方案为张家口市奥体中心新建项目。规划建设内容包括体育场、体育馆、训练馆、游泳馆及速滑馆。总用地面积为528200 平方米，总建筑面积为 258793 平方米，容积率为0.4，建筑密度为 28.6%；体育场规模为 50000 座席，体育馆规模为 10000 座席，游泳馆规模为 3000 座席，速滑馆规模为6000 座席。

主要场馆群坐落于景观高地之上，形成了激昂的"建筑交响乐"。根据山体构造的隐喻，它们象征着山顶上的峰冠。最高点上冰雪和冰川的结构给予了建筑体量的基本形象。冻结的冰雪形成的雄伟结构被抽象成了建筑形态。

设计评述

项目需考虑以下几方面问题：当地作为再生能源利用城市的定位；同时需考虑与西侧滨河景观带及东侧城市森林公园的景观串接；土坡高度过高，较为浪费，应适当减少；水面面积过大，应考虑当地降水条件，合理设定水面规模；西南角为立交桥，在西侧设置车行入口应考虑能否满足进出条件；用地内主要空间应保证人车分流；北侧商业界面应保证连续性，以便未来经营。

方案指导人 • 陈晓民　刘康宏

主要设计人 • 杨海鑫　王健　李鸿儒　黄颖　崔迪
　　　　　　阮冀乐　乌尼　刘洋

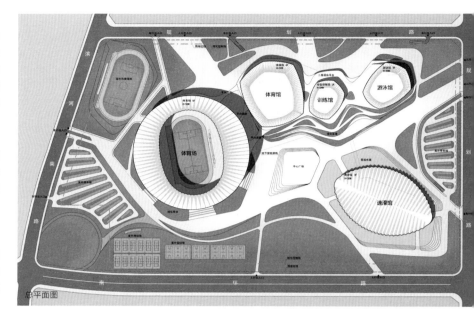

总平面图

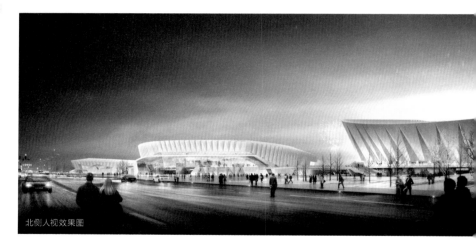

北侧人视效果图

东侧人视效果图

场馆区整体鸟瞰效果图

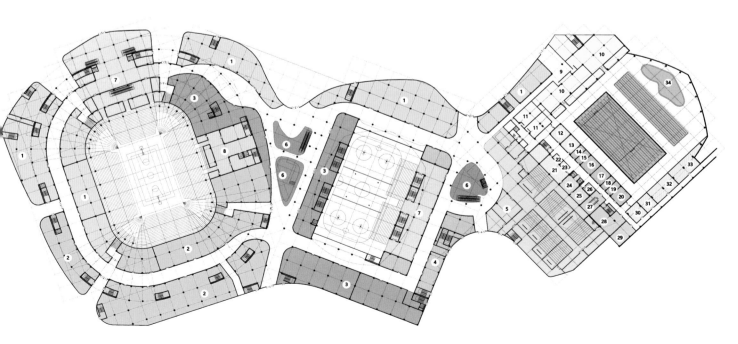

体育馆、训练馆、游泳馆首层平面图

梧州苍海文化中心（大剧院）

一等奖 • 公共建筑／一般项目
• 独立设计／中选投标方案

项目地点 • 广西壮族自治区梧州市苍海新区
方案完成／交付时间 • 2015 年 9 月 22 日

设计特点

"蝶舞苍海，梅绽梧州。"

苍海文化中心位于新区核心半岛广场、滨湖西路临苍海湖侧，面山临湖，作为半岛广场重要的节点，将是功能与环境的完美结合，为苍海新区的城市建设写下精彩的开篇。

项目场地位于苍海半岛广场，具有最大的湖景纵深。半岛形如一双扇动于苍海湖上的蝴蝶翅膀，蝴蝶的纤巧对比于苍海的壮阔，在优雅中显露出惊人的魄力，暗喻了广西人民的顽强拼搏精神。设计中利用灵动的壳体和蜿蜒的天际线来呼应"蝶舞"这一主题。三角梅是梧州的市花，色彩艳丽，最能体现广西人民的热情进取与坚韧不拔。设计中结合三瓣式的建筑形态与柔和的曲面壳体，犹如打造出一朵绽放在苍海湖上的巨大三角梅；壳体上布置点状渐变的 LED 灯光，仿佛花瓣上的纹理，在夜间可绽放出迷人的光彩。建筑设计以三块连续曲面壳体为基本造型，将大剧院、音乐厅及多功能厅、电影院三大功能整合成一体。舒展飘逸、连续变化的花瓣状建筑，与苍海半岛的滨水景观交相辉映，形成一道靓丽的风景线。建筑外边界顺应建筑体量形成连续曲线，边线内凹处形成广场活动空间和亲水空间。东北面与城市中心轴景观相呼应；东南面与苍海湖成环抱之势；西面形成滨湖公园。通过非线性的设计手段，使建筑立面到天空过渡自然，形成飘逸灵动的天际线。屋壳出挑，形成丰富的半室外空间，可以减少直射光的到达，结合中庭天窗实现自然采光和通风。

建筑主体位于二层平台，让出首层作为室外公共活动空间。市民可穿越该空间直达水景观平台。首层局部设置商业功能，经由垂直交通可到达位于二层的公共大厅，实现了高度的公共性和便捷性。考虑到场地优质的景观资源，在二层公共大厅内留出环绕的观景廊道，进一步提升了建筑的公共性，让人难以错过观赏苍海湖的任何角度。

设计评述

方案设计注重了建筑与环境还有地域文化相协调，能较好地融入自然景观。架空空间是方案设计的主要特点，是适合于当地气候条件的活动空间，是对地域建筑特色的一种发扬。空间功能布局较合理，材料使用较适宜，造型飘逸灵动，具有较强的视觉冲击力。

方案指导人 • 黄捷
主要设计人 • 黄皓山　张桂玲　赵亮星　胡伟泉　杜翀
　　　　　　林哲　卢顾中　卫轲　彭雪峰

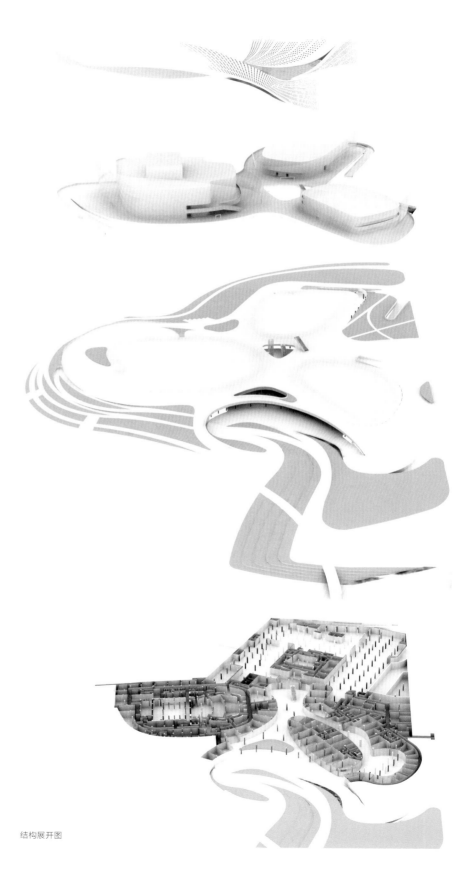

结构展开图

日景鸟瞰效果图

黄昏鸟瞰效果图

合肥肥东大剧院暨文化馆设计

一等奖 • 公共建筑／一般项目
• 独立设计／投标结果未公布

项目地点 • 安徽省合肥市肥东县
方案完成／交付时间 • 2016 年 4 月 17 日

设计特点

项目位于合肥肥东和睦湖南侧，瑶岗路与深秀路交叉口西南角，规划总用地面积 31900 平方米，总建筑面积 28500 平方米，其主要功能包括：千人大剧场、音乐厅、文化馆等。方案的设计定位为：一座观演主题的城市文化公园。

方案力图体现的重点为：1. 有表演／没有表演：观演建筑多为时段化使用，为了避免空闲时段的浪费，方案通过设置文化馆和环形艺廊等功能，提高了建筑在没有表演时段的使用效率；2. 有门票／没有门票：方案除了服务持有门票的观众，其露天影剧场等室外场所向周边市民完全开放，体现了"公民性"的设计原则；3. 物尽其用：方案的每一处形体变化都尽可能带来与之相符的不同形态和层级的室内外观演场所，如屋顶露天影剧场、地方戏台、汽车影院等；4. 绿色蓄能：项目地处夏热冬冷地区，并且有时段化使用的特点，所以方案采用绿色种植蓄能屋顶，起到了绿色环保作用。

此外，本方案的建筑形态呼应了"九龙攒珠"这一巢湖北岸传统民居聚落特有的布局特点，即围绕中心水域展开聚落布局，聚落的道路和房屋都朝向中心水域，体现了现代建筑表征下的传统地域文化的精神内核。

设计评述

设计充分解决了此类观演类建筑在有表演或者没有表演的情况下，在城市生活中分别扮演不同角色这一问题。同时，将建筑物分为"内"、"外"两部分，其中内部的大剧场、音乐厅等服务于观众，而外部的屋顶露天影剧场、地方戏台、街头艺术广场等场所则向周边的市民完全开放。这一设计策略旨在让更多的人更平等地使用这座建筑，体现了一种"公民性"的原则。并且该方案比较巧妙地利用其不同部位的形态变化，营造出多样的观演场所，可以使人们随时随地自发地参与其中。诸如此类的思考，都体现了这座建筑的核心定位：一座观演主题的城市文化公园。此外，该方案设计思路清晰且富有逻辑。

方案指导人 • 王小工
主要设计人 • 王铮 高诚 丁洋 贾文若 杨晨 李轶凡

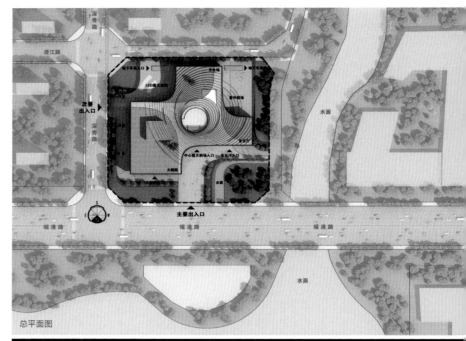

总平面图

临湖夜景效果图

主入口效果图

城市主界面效果图

屋顶露天影剧场效果图

千人剧场效果图

廊坊智慧谷一期棋牌博物馆

一等奖 • 公共建筑／一般项目　　　　项目地点 • 河北省廊坊市固安县
　　　• 独立设计／中选投标方案　　　方案完成／交付时间 • 2015 年 3 月 7 日

设计特点

规划总用地面积 0.75 公顷，总建筑面积 13365.68 平方米。其中，地上建筑面积 9077.71 平方米，地下建筑面积 4287.97 平方米。方案以棋牌文化为主题组织功能空间，包含地下车库、多功能厅、贵宾休息室、职工餐厅、设备机房、展厅、办公、对弈室、休息室、服务用房等功能。

项目的设计理念主要有以下两点：一是以生态、低碳、低技、手工感为设计出发点，运用技术手段实现地板架空收纳管线，达到清水混凝土外露的效果，通过地源热泵、太阳能集热板、自遮阳系统、有组织排水系统，满足绿色节能的要求。二是设置路径，强调空间的体验感。以室内和室外两条坡道作为空间体验的主要路径，将走廊、室外平台、屋顶花园、室内中庭、空中庭院等室内外不同的空间场所连接起来，给参观者和使用者带来丰富的空间体验。混凝土的本色、模板的肌理、对拉栓的孔眼，表现了自然质朴的特性，因此对于混凝土的配合比、模板体系、施工工艺等有着非常高的要求。方案深化时，为了达到清水混凝土的预期效果，综合考虑结构、设备、电气、水暖等专业，对预埋件、设备管线等预留孔洞的问题进行统筹设计，避免施工中的设计变更和后续专业在施工中对成品混凝土的剔凿。

设计评述

首先，项目规模不大，但融合了诸多的功能，给流线及空间的组织带来很大的挑战。在解决问题的同时，也创造出不同的空间体验。其次，建筑设计回归建筑本体，通过对使用者行为的研究，以及对材料本身特性的研究，倡导"人与建筑共生，建筑与自然共生"的设计思路。"去装饰化"设计巧妙解决了设备、电气、水暖等专业的二次装修对建筑本体的影响。"一次成活"的系统的设计方法，对全专业统筹设计提出了更高的要求。

此外，设计方案包含对建筑材料、施工工艺的深刻理解，创造了"意境化"的空间，也为后期有效把控施工细节、保证施工质量和整体效果奠定了基础。

设计总负责人 • 米俊仁　沈晋京
主要设计人 • 李青松　丁凤明

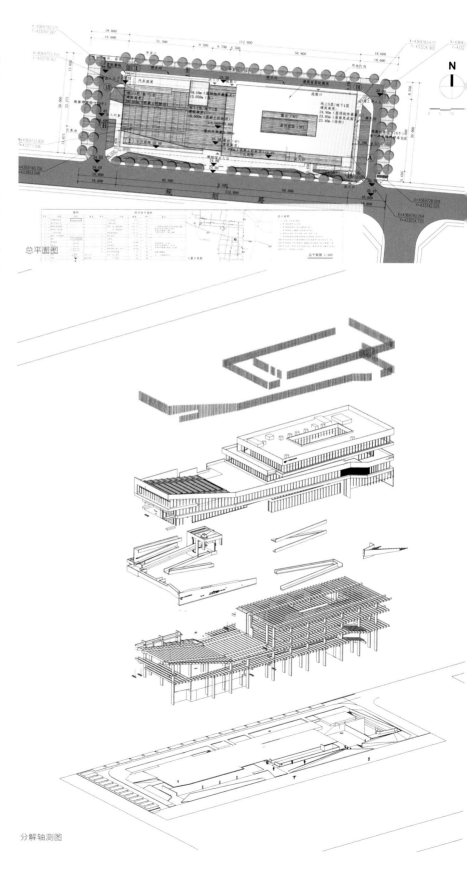

总平面图

分解轴测图

南立面效果图

东立面效果图

深圳深宝茶行空间概念创意设计

一等奖 • 室内设计／一般项目　　　项目地点 • 广东省深圳市南山区学府路软件产业基地
• 独立设计／工程设计阶段方案　　方案完成／交付时间 • 2014 年 7 月 29 日

设计特点

深宝茶行坐落在深圳南山区软件产业基地中，共有二层，占地 2000 平方米。作为中国茶行业首家上市公司，深宝茶行开设了线下商店。基于线上到线下零售市场正处于迅速发展阶段的情况，通过提供实体饮茶体验店，完善电子商务，为现代饮茶提供方便且悠闲的体验。为科技达人们设计的空间，不单是他们工作忙碌之余的小憩茶休之处，也是暂且远离现实生活的一方净土。在 Loft 首层设置了长吧台和室内外座位，中部空间开阔，为来往客人和大厅人流而设。在此之上，有相似的夹层和二层空间，慢节奏活动和项目可在此开展。在二层的开放图书馆，有大量藏书，也设有许多座位，供阅读、简餐和社交活动使用。

设计的五角形状，有别于周围办公大楼的四方网格布置。而相互交叠时，五角形也和网格或者有机规划相区分。它们像茶树一样伸展，形成地面、楼梯、天花和家具等。大面积使用木料，也弱化了五角形的几何性，强调了古朴性并洋溢着茶馆有机生长的概念。一道长长的波浪形阶梯从天花垂悬而下，客人拾级而上，通过钢柱，一层的快节奏被徐徐转换，使人同时体验到空间氛围的变化，随着水泥路一直延伸到二层。绿色的编织材料带来的温暖和自然，通过五角形的下悬天花和灯箱得到增强。深宝茶行的这次旅程，意在通过空间的一系列氛围，带给顾客悠闲的享受；在商业时代，关注于线下实体商铺，给客户带来更多体验。

设计评述

方案以新颖的室内设计成功塑造了"大都会茶生活"的现代饮茶体验，将企业文化与功能需求相互结合并实现了购物与休闲生活交织的状态。室内的五角元素巧妙地将各功能区域的材质应用模数化，提高了室内效果的统一性和连贯性，同时降低了施工的复杂性。细致分析了内部空间，充分考虑了不同尺度的人性化需求。材质应用及色彩搭配方面，充分地考虑了销售需求以及体验需求，强调了茶文化的古朴及温暖的特性。

设计总负责 • 蓝冰可（Binke Lenhardt）
主要设计人 • 崔雨柔
评审人 • 董灏

吧台区效果图

景观楼梯效果图

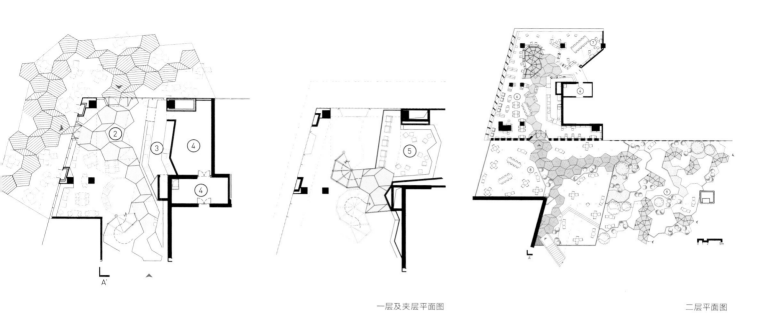

一层及夹层平面图　　　　　　　　　　二层平面图

室内实景图

室内实景图

室内实景图

室内实景图

天水天秀剧场方案设计

一等奖 • 公共建筑／一般项目
• 独立设计／非投标方案

项目地点 • 甘肃省天水市市区以东约 9 公里
方案完成／交付时间 • 2016 年 6 月 27 日

设计特点

天秀剧场位于天水市区以东约 9 公里处，总用地面积为 40000 平方米，主要功能有剧场、电影院、休闲餐饮、配套商业及相关配套设施。天水市山清水秀，拥有华夏第一县的美誉，是历史悠久的文化古城。麦积山是天水市一座奇峰，山峦叠翠，群峰环抱，其西南面的峭壁石窟，展现出当地独特的文化魅力。项目基地邻近麦积山山体，北高南低。设计以群山为灵感，结合环境和地形特点，以场地中部为轴心排布。建筑形体错落有致，展现天水地区层峦叠嶂的效果，与周围环境有机结合。在立面设计中，提取当地历史遗产、村镇聚落、传统建筑等地方元素，通过木、石材、夯土、瓦、金属等不同建筑材料的应用，重新诠释了该建筑的历史和文化韵味。"虽自人力，疑是神功。"

设计评述

设计灵感来源于周围群山，建筑形体错落有致，与周围环境结合紧密。连绵的屋面结合地形处理，很好地呼应了麦积山和周围群山的壮丽景色。建筑内部功能满足剧场、电影等娱乐需求。立面设计运用当地特有的木材、石材、夯土、瓦、金属等不同材质，凸显了与环境的融合，并重新诠释了当地的历史和文化韵味，形成该地区特别的标志建筑。

设计总负责 • 朱小地
主要设计人 • 金国红　陈莹　邱磊　李昂

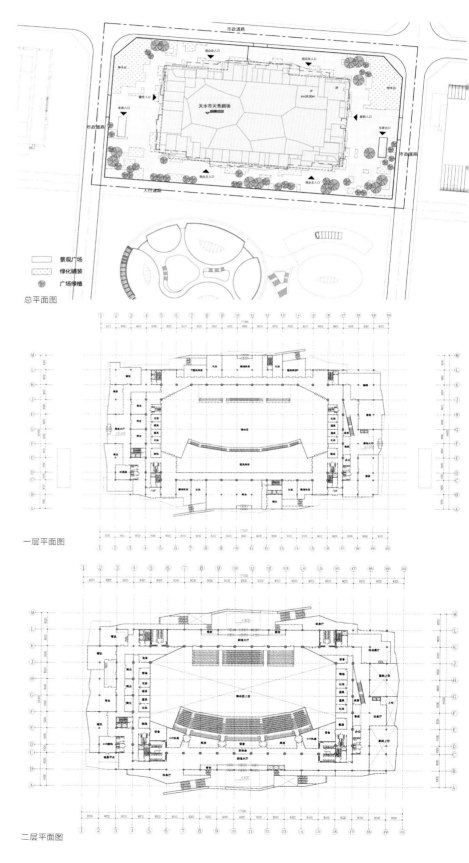

总平面图

一层平面图

二层平面图

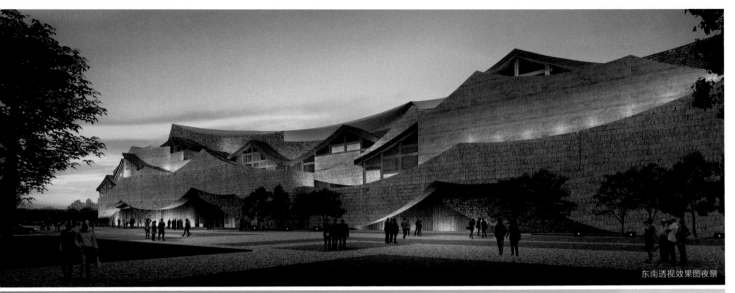

东南透视效果图夜景

南立面效果图

西南透视效果图日景

北京 2019 年世界园艺博览会中国馆设计

一等奖 • 公共建筑／重要项目
• 独立设计／投标结果未公布

项目地点 • 北京市延庆县
方案完成／交付时间 • 2015 年 12 月 7 日

设计特点

项目位于北京市延庆县 2019 年世园会中轴线上，总用地面积 48130 平方米，总建筑面积为 25000 平方米，地上建筑面积为 20500 平方米，地下建筑面积为 4500 平方米。通过对山峦和民居屋顶轮廓线的模拟剪辑，形成中国馆恢弘的形象，隐喻着因自然条件差异而形成的多样观赏植物。中国馆采用膜材料覆盖，阳光可照亮室内各处。地面上 1 万多平方米的展区、不同高度的室内展览平台，与地面的展览空间形成良好的互动关系。底层田园式的展区吸纳着周边景观环境，层层叠加的园艺展区位于其上，形成高效有趣的立体式园林。整个系统被一个轻盈的膜结构所覆盖，形成一个介于室外与室内的展览空间，具有优越的自然采光及通风条件。位于屋顶的中国园艺历史文化展区是一处精致写实的中国园林，此处不仅可以远观海陀山和官厅水库风光，也可以身临其境地领略中国园艺文化，享受片刻的休息和餐饮服务。在屋顶和地面之间设置了两条斜向的室外通道，将建筑的外立面又进行了明确的划分，使建筑外形更加丰富。游客可从屋顶顺坡道而下，在行进过程中一览整个世园会园区的旖旎风光。

设计评述

中国馆的方案设计选取自然环境中山体的轮廓线与村舍聚落的屋顶坡折线，组合成变化的折面造型，虚实交融，表现出了恢弘的"中国气象"。底层田园式的展区与周边景观环境相结合，园艺展区位于其上，形成高效的立体式展示空间。建筑内部各层布置有一些必要的功能性封闭空间，其余空间均为拥有良好采光和通风效果的开放空间，同时也可灵活布置，满足了园艺展览的需求。展会之后，开放空间可封闭成展厅，为后续利用提供了丰富的可能性。在屋顶和地面之间的室外通道，使游客可从屋顶顺坡道而下，在行进过程中观赏整个世园会园区风光。膜结构下覆盖的开放空间满足了园艺展览对于采光通风的需求，为本次设计方案的一大亮点。但是如何在会时和会后充分利用和改造这部分空间，满足不同阶段的使用需求，从而充分发挥其优势，需要在后续的设计中进一步完善，并提出后期运营方面的策略与方法。在方案的深化设计中，还应当进一步落实建筑的结构体系，使主体结构、膜结构及坡道形成完整的结构整体。

方案指导人 • 朱小地

主要设计人 • 徐聪艺 孙勃 张耕 李瀛洲 权博威
周士甯 向芯瑶 郭晓娟

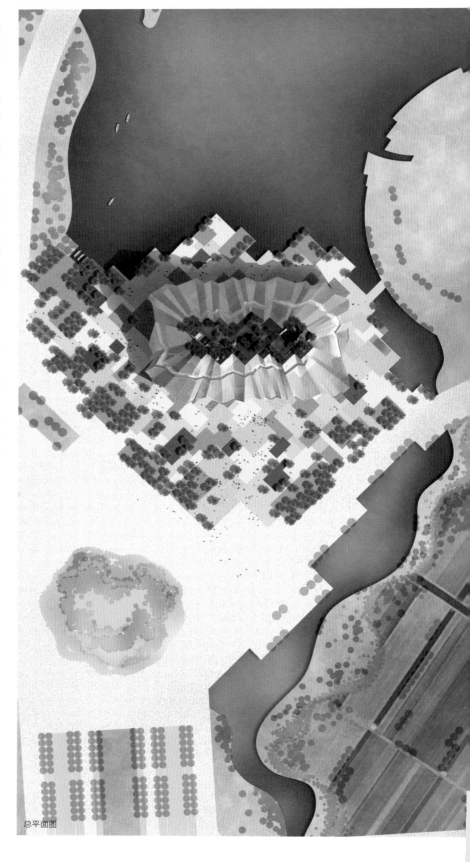

总平面图

人视效果图

人视效果图

室内效果图

北京妫河建筑创意区国际培训中心

一等奖 • 公共建筑／一般项目

• 独立设计／非投标方案

项目地点 • 北京市延庆区延庆镇西屯村

方案完成／交付时间 • 2016 年 5 月 15 日

设计特点

项目位于北京市延庆区延庆镇西屯村，建筑面积 44100 平方米，其中地上 34550 平方米，地下 9550 平方米。限高 18 米（局部限高 12 米）。主要包括酒店和培训学校两部分。酒店客房部分由 50 多栋树屋组成，有独栋、双拼和联排三种房间形式，共 300 间客房。公共区部分地上建筑 3 层，包括全日餐厅、游泳池等配套服务设施。培训学校地上建筑 3 层，主要提供教学培训和展览功能。

设计评述

方案设计充分考虑基地实际情况，结合周边自然环境探索出树屋这一建筑形式。建筑组团模式多样，在较低容积率条件下尽可能解决了客房配置，同时兼具培训中心的功能。内部空间架构多样，逻辑清晰，特色鲜明。延庆地区风大，冬季温度相对较低，还需进一步对方案的节能、采暖、通风的经济性进行探讨研究。

主要设计人 • 杜松　张钒　王威　乔利利

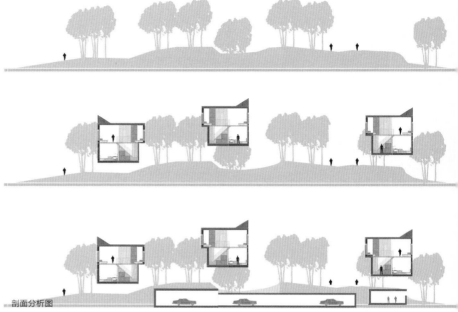

剖面分析图

空间架构模型照

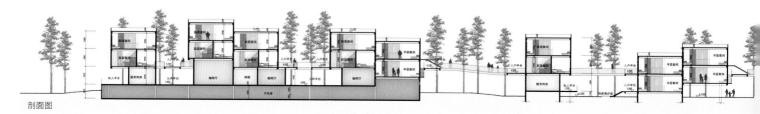

剖面图

北京故宫博物院北院区建设项目总体规划方案及建筑概念方案

一等奖 • 公共建筑／一般项目
• 独立设计／中选投标方案

项目地点 • 北京市海淀区西北旺镇
方案完成／交付时间 • 2016 年 7 月 20 日

设计特点

项目位于北京市海淀北部地区上庄镇，崔家窑水库北岸，南沙河以南。可建设用地形状不规则，地块狭长，东西约 900 米，南北最窄处仅 60 米，现状条件复杂，用地内有待拆迁村落、耕地、防护林地、已建建筑及未来需保留的琉璃窑址。在建筑布局中将对外展览功能布置在地块东侧，较为私密的办公修复及后勤功能布置在西侧。最大限度满足功能布局的同时，也有利于分期建设，另外方便与现有修复用房重新整合。

方案设计的灵感来自对中国传统"殿"、"堂"、"舍"、"院"的理解，借助从中提炼的轴线、秩序、等级等特质，凝聚成一座巨大的博物馆群落。方案从故宫中轴线的建筑序列高潮太和门至三大殿的尺度中提取意象，完好地顺应基地边界。作为整个建筑体量的中枢，主要展览的基本陈列置于中轴上，并以拾级而上的步行体验强化中央空间的仪式性，寓意故宫的"天际线"于上空形成内外都可以感知的金顶华盖。立面构成仿佛中国古典建筑外观的"三段式"构图法，按屋顶、屋身、台阶三部分来构建。金顶华盖之下是作为屋身的红墙围合而成的展览空间，屋身之中借用华丽而有韵律之美的窗棂作为表皮肌理，首层大台阶结合自然草坡将首层自然抬起。自此，一个拥有皇家古典气息的现代博物馆应运而生。

设计评述

方案契合基地形态，高度融于环境。构思借鉴中国古典建筑：以院落组群为模式组织空间序列，以"屋顶、正身、台基"三段式构图进行立面设计，色彩延续故宫建筑红墙金瓦的特色，产生出强烈的视觉冲击力。功能布局完善，材料使用合理，形成了具有传统文化内核的现代博物馆。

方案指导人 • 张宇
主要设计人 • 彭勃 张叶兰 刘乐 文王旭
评审人 • 柯蕾

总平面图

南面夜景效果图

西南鸟瞰效果图

中央大厅效果图

礼仪大厅效果图

通高展廊效果图

青岛黑卓一山一筑 16 号地块景观设计

一等奖 • 景观设计／重要项目

• 独立设计／中选投标方案

项目地点 • 山东省青岛市黄岛区大珠山

方案完成／交付时间 • 2015 年 10 月 15 日

设计特点

项目为青岛黑卓集团建设，位于青岛市黄海区大珠山，用地内沿山势划分为 18 个地块。16 号地块为山地别墅区，作为别墅样板庭院进行展示。地块内建有 4 栋别墅建筑，总占地面积为 10784 平方米，景观设计面积为 7549 平方米。建筑风格简洁现代，结合地形高差创造出丰富的庭院层次。景观设计将别墅区前庭、后院与"意境＋生活"的主题定位相结合。前庭入口形象区，以雅致的氛围起到步入引导作用。在建筑周边结合室外景观扩展区，包括室外茶座、露台泳池、活动聚会空间，给主人提供了室外商务洽谈的功能。后院则结合竖向地形，打造高比例绿化的放松型庭院，可以在其中品酒、聚会，体现了自然风情以及自主性享用的田园情调，营造现代、舒适的别墅景观。

设计评述

黑卓一山一筑 16 号地块景观设计是山地别墅项目，地形高差大，因此，根据现状地形解决建筑高差带来的交通、排水、土方等方面的室外景观设计问题。首先把功能和安全放在第一位。景观方案为四种别墅户型的前、后院景观设计。设计中考虑了停车、落客、入口特色景墙、首层室外观景平台、廊架、小品、雕塑、室外摆设、室外游泳池、室外烧烤、特色农园种植等功能因素。景观设计全面、细致，既考虑了建筑本身的前后高差，又考虑了建筑之间户与户关系的解决方案，同时设计自然得体，与外部环境融为一体的山地院落，达到景观设计全方位的要求。

设计总负责人 • 刘辉

主要设计人 • 黄小川　耿芳　何伯　王顺达　于洋　吕帅

评审人 • 刘健

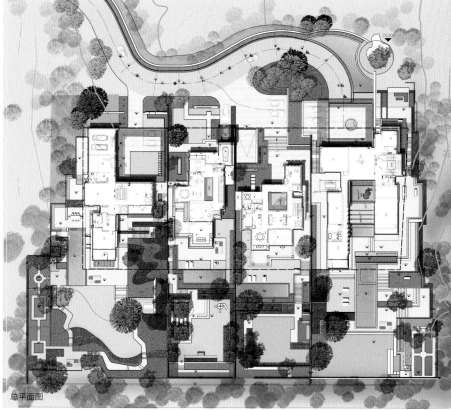

总平面图

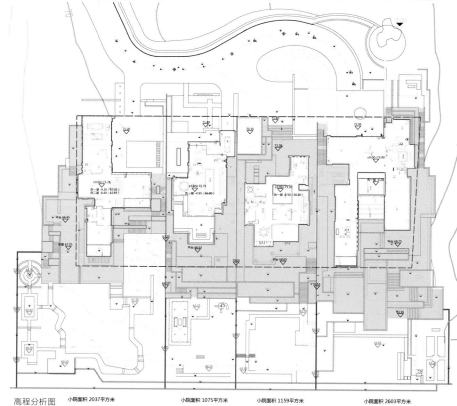

高程分析图　　小院面积 2037平方米　　　　小院面积 1075平方米　　　小院面积 1159平方米　　　小院面积 2603平方米

山景中的雅致居所

精致有序的错台景观

悠然自在的田园体验

北京怀柔牛角湖乡村客栈项目

一等奖 • 公共建筑／一般项目

• 独立设计／非投标方案

项目地点 • 北京市怀柔区宝山镇牛角湖

方案完成／交付时间 • 2015 年 12 月 25 日

设计特点

项目位于北京市怀柔区宝山镇牛圈子村西南两公里处，规划建筑呈条带状，沿湖西侧布置。西依青山，东傍绿水，景观资源丰富且多样。总项目用地 34550 平方米，总建筑面积 6160 平方米，容积率 0.18。针对项目条带状用地和台地进深窄的现状，利用山体高差，沿河岸架空挑台布置建筑，形成错落的三层庭院。项目平面角度与山势相和，自由衔接并围合出室外庭院。通过建筑布局的有机组合，还原了传统临河而居的村落脉络，突出了乡村酒店的特色。建筑之外有山体环绕，其三面的建筑朝向周围景观，和山景相映成趣，创造出从内到外全角度的视野。采用内街及沿河步道的方式串联起酒店公共服务区及客房区，通过建筑组合及院落组合提供私密、半私密和开放的空间。增加内街空间层次，更适合休闲度假。建筑以当地木材、石板、片石、瓦为主要材料，辅以玻璃幕墙及用于挑台的混凝土。

设计评述

项目高度融于环境，对场地特点的理解及对自然环境的尊重最大化。各客房的景观视野及采光条件优越，这一点非常可取。造型简洁明快，外观既有独特的乡土特色又不失大气和时尚。但是要注意地形高差，妥善利用本地环境特色，进一步处理好公建区各功能用房的合理布置，满足相关规范及技术要求。

主要设计人 • 宓宁　李永祺　杨一菲　王浩　崔雁滨

王研硕　张旻娟

总平面图

冬景效果图

鸟瞰效果图

半鸟瞰效果图

深圳宝安国际机场卫星厅方案

一等奖 ● 公共建筑／重要项目　　　　　项目地点 ● 广东省深圳市

● 合作设计／投标结果未公布　　　　方案完成／交付时间 ● 2016 年 7 月 18 日

设计特点

深圳宝安国际机场是珠三角地区重要的国际航空枢纽。近年来航空业务量发展迅速。预计到 2025 年，机场年旅客吞吐量将达到 5200 万人次。本次扩建的卫星厅将承担 2200 万人次的旅客流量，总建筑面积 21.8 万平方米，近机位 54 个，缓压机位 12 个。卫星厅服务国内旅客，作为深圳机场 T3 航站楼的延续性设计，连接了过去与未来，对于机场功能的拓展和整体形象的展现，都具有举足轻重的作用。

项目在规划方案基础上，纯化总体形态。优化指廊长度和停机边界弧线，增加中心区商业面积、候机空间及自然景观。建筑和而不同，总体形式延续航站楼形态，但针对原楼造型复杂、防水困难、表皮繁密、光线强烈、流线较长等问题进行了全面改进。中央景观区的"绿洲"给地下 APM 站台和水泥站坪上的卫星厅带来生命力，使旅客单调的行程沐浴在阳光与欢愉之中。屋面简洁优雅，系统清晰完整，无防水隐患。采光区集中在出发层、到达层的立面方向。整个系统排水通顺，遮阳高效，视野开阔。结构顾问与建筑师精心设计了 APM 站台及地下室的最优方案，巧妙化解了卫星厅建设与地铁运营之间的矛盾。

设计评述

方案对招标提供的参改规划作出了优化调整，将建筑改为正交的"十"字构形，使建筑的外部体量和内部空间都趋于简洁，对连接主楼的 APM 系统进行了专项研究，并对主楼的预留设计进行了优化，提高了该系统的服务水平。建议深入论述构型调整后的站坪。

主要设计人 ● 马泷　奚悦　阚卓威　吴懿　张郁
　　　　　　郑晨曦　徐珂　蔡斯　孙文昊　王斌
　　　　　　方勇　杨明珂

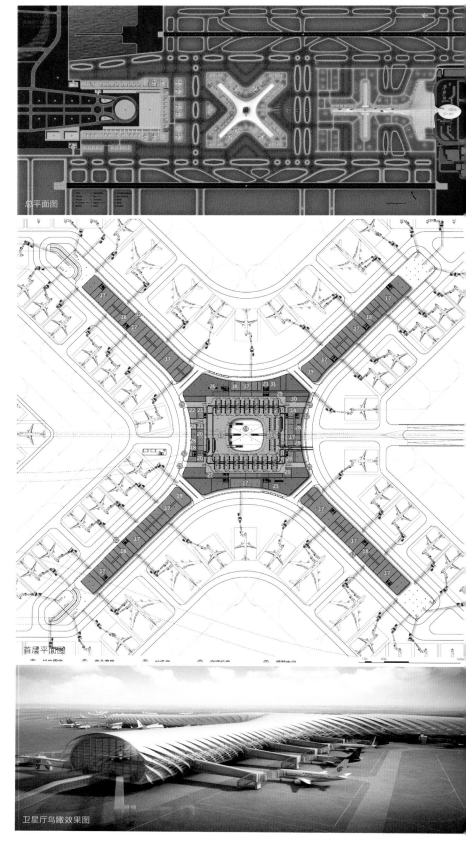

卫星厅鸟瞰效果图

卫星厅三层出发区效果图

出发大厅效果图

出发指廊效果图

北京 2019 年世界园艺博览会植物馆建筑设计

一等奖 ● 公共建筑／重要项目　　　　项目地点 ● 北京市延庆区
　● 独立设计／投标结果未公布　　　方案完成／交付时间 ● 2015 年 12 月 7 日

设计特点

方案以理性的视角思考建筑与自然的关系。项目选址位于北京 2019 年世界园艺博览会核心位置，南望古长城，北依海坨山及妫河，西有谷家营村烽火台。用地北侧紧邻园艺小镇，南侧和西侧为企业展示园，东侧为园艺游览体验带，是整个世园区西部的重要空间节点。用地及其周边地势非常平坦，设计需要在这一片开阔之地找到连接各环境要素的方法。建筑形体设计按照使用功能及其特点逐步推导而成，对于温室建筑的采光、通风、遮阳、换展、检修乃至供能都经过系统的考虑，使得建筑形式、结构形式、能源系统三者有机结合。文化表达上，以简单的现代建筑语言提取群山的环境意向；空间特点上，探寻道法自然的中国园林文化意趣，拢天地为园，汇万花入梦。

设计评述

方案采用虚实两种空间，兼顾植物温室与普通展厅两种建筑形式，平面布置合理，流线清晰；结构形式、供能系统都具备可实施性。建筑形体遵循建筑使用功能的需求，兼顾温室类建筑的特点，对温室的采光、通风、遮阳、换展、检修等都有系统的考虑。借鉴中国传统山水进行文化表达，用简单抽象的现代建筑语言，抽取北方群山的意向，借植物馆的主题，以盆景作为表达意向，追求道法自然的精神境界，将人与自然，建筑与环境融为一体。

建筑与周边环境也有良好的对接，水景及林地的布置同样符合建筑的功能需求，均匀连续的立面为世园会周边带来良好的视觉感受。

方案指导人 ● 张宇　徐聪艺　孙勃　张耕
主要设计人 ● 李瀛洲　安聪　叶保润

模型照

月夜鸟瞰效果图

北立面图

剖面图

雪霁人视效果图

烟雨人视效果图

保加利亚图书馆概念方案设计

一等奖 • 公共建筑／一般项目
• 独立设计／未中选投标方案

项目地点 • 保加利亚瓦尔纳市
方案完成／交付时间 • 2015 年 11 月 24 日

设计特点

项目位于保加利亚第三大城市瓦尔纳市，临近黑海。场地位于该市市政厅西侧，其余各面皆临城市道路。方案以图书馆的当代城市功能为出发点，在尊重原有城市文脉和城市肌理的前提下，为市民提供新的公共交往空间。为此，我们将图书馆西南面向城市打开，吸引来自主街的人流，并与原有市政厅形成互动，激发市政厅东侧原有下沉庭院的活力。由图书馆西南的大堂直接通往室内的中庭空间，进而攀登至屋顶平台，眺望海滩，读者可获得由城市空间进入知识空间再提升至自然环境的体验。图书馆地上 8 层，地下 3 层，阅览区位于 1 至 5 层，地下空间解决停车，书库布置于 6 至 8 层，形成纯粹的建筑体量。外立面使用不同透明度的玻璃幕墙，体现内部功能和空间的变化，保证白天室内光照条件和通透性的同时，在夜间形成整体发光的"灯笼"效果，使简洁的建筑形体产生丰富的立面表情，形成标志性特色。

设计评述

方案由城市文脉和周边环境出发，考虑到新建公共项目对城市机能的改善和提升以及充分发掘读者动线的可能性，形成了立体的空间序列，通过第五立面延续城市景观。考虑了与西侧原有政府建筑的关系。在内部功能上，布局规整紧凑，留出中庭的同时充分利用空间布置功能，基本解决了任务书中描述的较为复杂的功能要求，但藏书空间布置于顶层且室内通高空间较多，结构设计需特别注意。整体造型朴素，与原有城市界面较为协调，通过立面材料变化体现丰富度，实现度较高。

方案指导人 • 米俊仁
主要设计人 • Nuno Lucas Pablo 唐奥 张昊

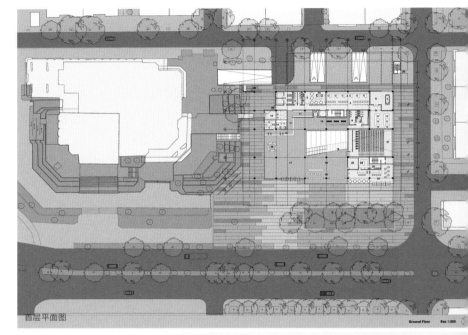

首层平面图　　　　　　　　　　　　　　Ground Floor　Esc 1:200

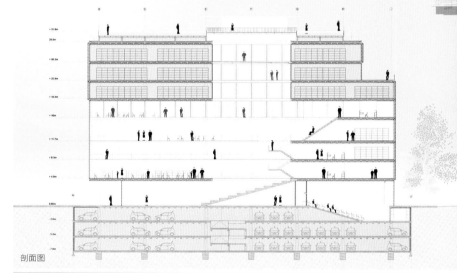

剖面图

沿街效果图

鸟瞰效果图

中庭效果图

大堂效果图

海口美兰国际机场二期航站楼

一等奖 • 公共建筑／重要项目
• 独立设计／工程设计阶段方案

项目地点 • 海南省海口市美兰区海口机场
方案完成／交付时间 • 2015 年 9 月 18 日

设计特点

海口美兰国际机场二期扩建工程旅客航站楼总建筑面积为296000 平方米，按照 2025 年旅客吞吐量 2300 万人次进行设计，其中包括 420 万国际旅客和 1880 万国内旅客流量。扩建工程位于海口美兰机场 T1 航站楼北侧，呈集中式构型。航站楼在平面构成上可分成中心主楼、西南指廊、西北指廊、东南指廊、东北指廊五部分。中心主楼为中央处理单元及国际候机区、到达区，四条指廊均为国内候机和到达区。中心主楼为地上四层、局部地下一层，设基础隔震。指廊为地上三层，不设地下室。

构型设计清晰，功能分区明确，流程安排合理，运转高效。平面布局紧凑而人性化，旅客安检后到最远登机口，步行仅需要 5.5 分钟。机场富有热带地域特色，外观造型简洁顺畅，室内空间充满活力。在大跨度屋盖设计中，通过三角形分形原则生成统一的空间几何网格，控制屋盖各子系统。这一过程整合了建筑设计与结构设计，整合了自然采光与人工照明，确保了建筑作品得以高质量地实现。同时，项目重视自然通风、自然采光、节能节材，按照绿建三星标准打造的绿色环保友好型机场。

设计评述

方案设计对原国际招标的概念方案进行了全面的优化，对功能流线进行了重新设计，从而形成了在各方面具备技术可行性和合理性的建设实施方案。方案以一套设计网格对结构和建筑布置进行了有效的控制，对各技术系统进行了全面的整合，并针对当地的抗震和气候特点做出了有效的回应。

设计总负责人 • 李树栋　黄源
主要设计人 • 杨正道　王鑫宇　陈贝力　王宪博　宋罕伟　黄墨

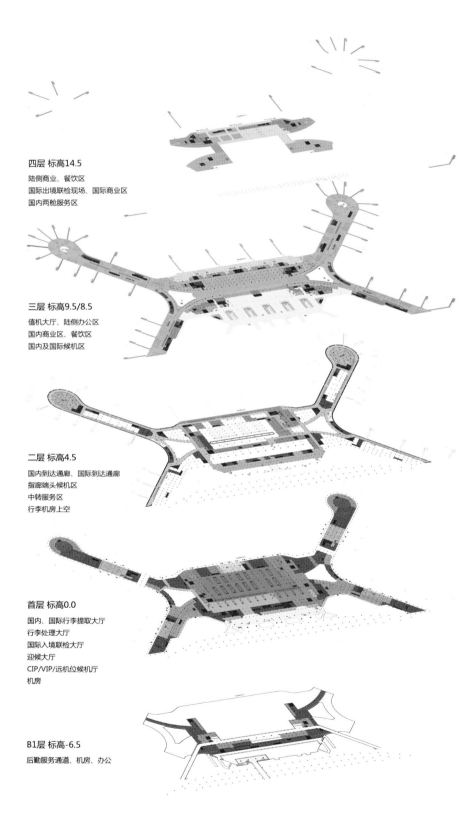

四层 标高14.5
陆侧商业、餐饮区
国际出境联检现场、国际商业区
国内两舱服务区

三层 标高9.5/8.5
值机大厅、陆侧办公区
国内商业区、餐饮区
国内及国际候机区

二层 标高4.5
国内到达通廊、国际到达通廊
指廊端头候机区
中转服务区
行李机房上空

首层 标高0.0
国内、国际行李提取大厅
行李处理大厅
国际入境联检大厅
迎候大厅
CIP/VIP/远机位候机厅
机房

B1层 标高-6.5
后勤服务通道、机房、办公

航站楼鸟瞰效果图

值机大厅效果图

吉林市城市建设档案馆方案

一等奖 • 公共建筑／重要项目　　　　项目地点 • 吉林市珲春中街

• 独立设计／非投标方案　　　　方案完成／交付时间 • 2016 年 5 月 5 日

设计特点

城建档案馆是收藏城市工程信息的物理场所，将档案以纸质或电子文本的形式储存。本方案命名为"城市收藏"，意指在一栋房子中收纳整个城市。城市中的建筑——档案馆，建筑中的城市——城市档案。

它是一个收纳空间，其内在信息之丰富足以将外表可以简化到房子的原型，一栋最原始最简单的坡屋顶房子，混凝土的粗放沧桑将使它历久弥新。经历时间轴线的建筑，本身已经表达了城市的信息。

设计评述

城市建设档案馆承载了对整个城市的收藏，设计以此为概念，体现出对整个城市的包容，切中主题。方案以原始单独坡面建筑为原型，以粗犷的混凝土为立面主要材质，辅以简洁的方窗造型，变化又不失沉稳，沉稳亦不失现代。入口中庭空间开阔，与办公空间相串联，产生了良好的空间交互视觉。办公流线、收纳流线、借阅流线处理得当，流畅而清晰。单个建筑容易尺度失调，建议配合小开窗及混凝土分格缝化解建筑尺度过大的问题。

主要设计人 • 张涛　李唯

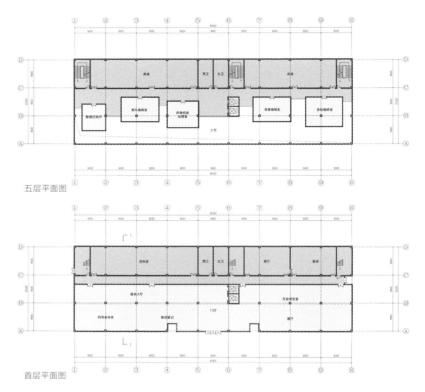

五层平面图

首层平面图

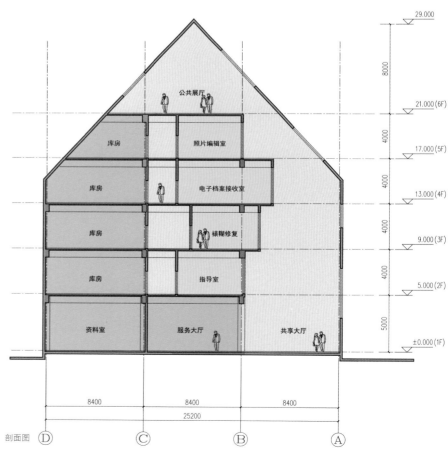

剖面图

人视效果图

人视效果图

宁夏美术馆投标方案

一等奖 • 公共建筑／一般项目
• 独立设计／投标方案

项目地点 • 宁夏回族自治区银川市兴庆区光明广场
方案完成／交付时间 • 2015 年 9 月 17 日

设计特点

设计方案着眼于银川市兴庆区的整体城市肌理，以街道邻里关系为出发点。基于地处光明广场西南角的特殊性，延伸加强城市轴线，塑造城市广场。

整体设计思路独特，将前广场嵌入建筑内部，形成开放、半围合的广场空间，为市民提供了丰富多彩的休闲生活空间，与城市空间进行很好的呼应。

在立面设计中，充分尊重并且保留了伊斯兰建筑中的传统元素，将其抽象提炼并且运用在入口以及立面。建筑体型简练大气，在外装饰上采用阳刻的混凝土装饰材料，既满足建筑自身的文化气息，也能节约造价。平面布局合理，流线分明。我们希望达到内外空间的互容性，利用空间的拓扑关系，引导参观人流从外部广场进入内部的大厅，所有的展示都围绕着这个中心展开。

通过对宁夏地区艺术展品的分析，并结合展品陈列多样性的特点，营造以大厅为中心、将展厅串联并列的方式进行布局，达到多空间多维度欣赏展品的目的。

设计评述

方案流线清晰明确，能良好地组织复杂的功能空间和使用要求。结合城市道路，使用不同方向的出入口处理了观众、办公、展品以及车行之间在功能上的矛盾。

外立面使用干挂混凝土板和拱券意向结合的手法，契合大气、庄重的传统省级美术馆风格的同时，灵活融入了有当地特色的传统符号。靠近光明广场入口的东北侧，灵活布置使建筑和城市景观相得益彰。东侧与国贸中心遥相呼应，增强了城市南北轴线的城市概念。

方案指导人 • 尚曦沐 胡育梅
主要设计人 • 张羽 刘乐乐 刘昀 张亚洲 马健强
　　　　　　李世冲 程鑫
方案评审人 • 刘晓钟 吴静

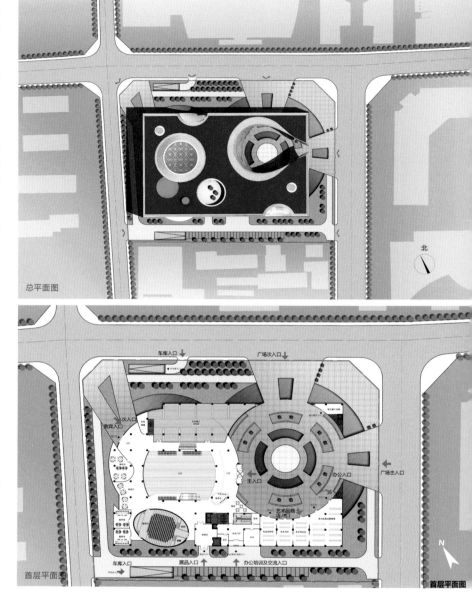

总平面图

北

首层平面图

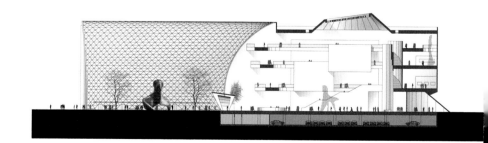

剖面图

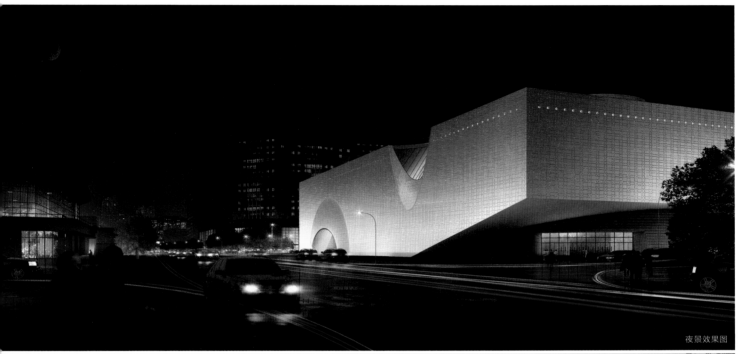

夜景效果图

日景效果图

北京四季雅园商务会馆

一等奖 • 公共建筑／一般项目
• 独立设计／非投标方案

项目地点 • 北京市朝阳区平房乡
方案完成／交付时间 • 2016 年 6 月 4 日

设计特点

项目位于北京市朝阳区平房乡，用地性质属于 3%-5% 绿色产业用地。地块位于姚家园路与朝阳体育中心西路交接处，总用地面积 17000 平方米。

主要功能为办公及酒店。设计从规划条件、基地分析入手，充分利用基地已有的景观、资源优势，注重与城市的关系，考虑与周边项目的相互影响，使场地内土地利用率达到最优。建筑群体内部空间品质高，景观环境宜人，整体形象具有创新性、标志性、引导性。设计围绕"城市创造生活"、"城市资源最大化"、"私密的高品质空间"的理念展开。

项目限高 12 米，容积率 1.39。为满足各项规划指标要求，建筑采用了种植坡屋面，同时布局采用围合的形态。通过采用下沉庭院与坡屋顶，使得建筑内部空间享有更多的自然资源和宜人舒适的环境。围合界面的外侧能与周围的绿化环境形成良好的呼应，保证每一位入住者都能享受到高品质的景观。

设计评述

项目位于北京"绿隔"地带，总体院落式布局与周边环境相契合。立面设计简洁、新颖，平面功能分区明确，流线合理。充分利用地下空间，营造宜人的下沉庭院。坡屋顶绿化具有创新性，具体实施的技术方案应深化。

方案指导人 • 汪大炜
主要设计人 • 陈雨濛　刘畅　于渤

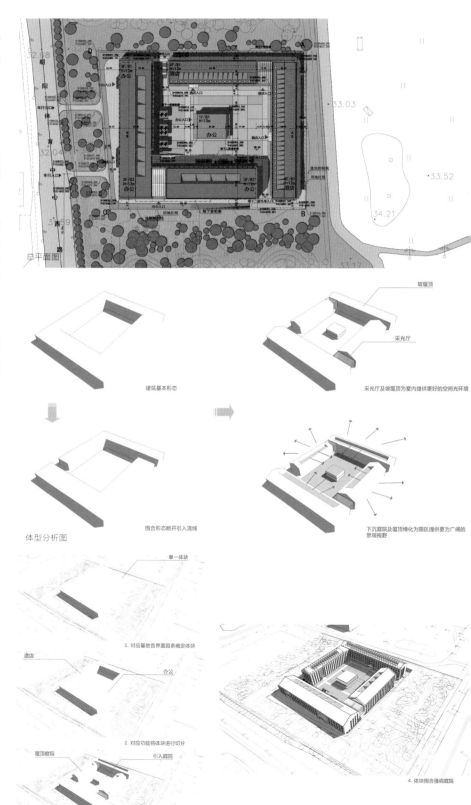

总平面图

建筑基本形态

坡屋顶
采光厅

采光厅及坡屋顶为室内提供更好的空间光环境

体型分析图

围合形态断开引入流线

下沉庭院及屋顶绿化为园区提供更为广阔的景观视野

单一体块

1. 对应基地各界面因素确定体块

酒店
办公

2. 对应功能将体块进行切分

屋顶庭院
引入庭院

4. 体块围合强调庭院

环境分析图

3. 结合周围环境引入绿化景观

鸟瞰效果图

沿街人视效果图

西安雁塔区城市设计

一等奖 • 城市规划与城市设计／一般项目 • 独立设计／非投标方案

项目地点 • 西安市雁塔区
方案完成／交付时间 • 2016 年 5 月 23 日

设计特点

项目地处西安市西南片区，位于雁塔区西北部，总用地面积 1189 公顷。方案设计以形成区域内新的活力场所为愿景。在增量区，调整功能结构，包括适度调整功能配置，形成混合功能街区；依据现状规划条件，强化区域复合中心；建立区域绿化系统，形成优美宜人环境；依据上位设计要求，完善分区、轴线、节点；重新调整设计思路，通过增量形成模板；完善区内交通系统，打造现代人性交通。在存量区，提升城市品质，包括依据区内产业特点，重塑科教特色街区；整合改造公共空间，打造优质活力场所；创新改造更新模式，解决近期更新难题；梳理市政基础设施，形成完善城市社区。

设计评述

空间结构清晰。通过对上位规划条件及场地现状、地铁、空间环境等因素的综合分析，利用现有空地形成"H"形结构作为区域中心，给周围带来新的活力。

针对缺少公共绿地的现状，合理整合现有资源，打造贯穿用地的景观带和公园网络，为市民提供绿色活动空间。针对公共空间品质较差的情况，在存量区提升空间活力潜质，在乏味冗长的道路路段结合小区入口、公交站点，增设活力空间，共同形成一个匀制的活力空间网络。对项目范围的若干城中村，发掘其中蕴藏的活力，分析存在的问题，从道路、公共空间、建筑、绿化、安全性等方面进行控制性引导，来逐步实现有机更新。

综上所述，方案较为成熟，内容完善，创意创新力度大，成果丰满，目标明确，达到了规划落地的目的。

主要设计人 • 胡越　顾永辉　陈寅　高菲　徐洋　温喆

东南鸟瞰效果图

区域中心效果图

区域中心效果图

区域中心效果图

街角活力点效果图

北京中国金茂·石榴园·投标方案

一等奖 • 居住建筑及居住区规划／一般项目
• 独立设计／未中选投标方案

项目地点 • 北京市丰台区
方案完成／交付时间 • 2016 年 3 月 10 日

设计特点

项目地处北京市丰台区宋家庄区域，该地隶属于南苑乡石榴庄村，位于南三环与南四环之间，是绝佳城市中心区。

方案设计意在充分发掘地块潜力，打造空间序列丰富、环境优雅、配套设置齐全的高品质生态宜居社区，实现"城市别墅"的最高居住理想。公建地块功能布置合理，幼儿园采用 9 班设置，中学为 36 班。建筑设计以总体造型稳重、典雅、舒适大方为宗旨，体现出现代都市气息。居住地块方案采取保障性住房集中布置的占位方式，将 0517-659、0517-660 地块中需配建的保障性住房全部设置于 0517-661 地块，使各地块住宅产品属性更加纯粹，功能分区相对合理。由于 0517-660 地块的地理位置与周边环境优势突出，在此集中布置高溢价产品，采用高板与低密产品相结合的规划模式。在地面交通流线规划中，采用人车分流的交通系统，充分体现人性化的设计理念。运用新技术、新能源，充分考虑建筑节能环保问题，包含住宅产业化、健康化、绿色化、智能化设计等相关技术措施。

设计评述

项目经过多轮方案的推敲比选，在地块分散的条件下做出满足多方要求的差异化产品。产品线层次分明，布局形态及建筑设计较为合理。

项目在方案设计阶段考虑了各个专业的设计条件，方案设计精致简洁，利用不同等级的院落围合以及前后有序的景观序列，使得整个建筑群落达到了高品质城市居住区的水平。项目涉及住宅、大型公建、小学、幼儿园、商业等多种建筑类型。最终通过多方案比选，逻辑清晰地处理了场地内外建筑之间的关系。在满足开发强度的同时，又通过高品质的户型设计与较完整的公建形象，保证了小区的整体统一。设计理念清晰合理，设计手法统一，创作思路连贯，整体性强。

设计总负责 • 刘晓钟
主要设计人 • 吴静　张凤　张立军　李扬　丁倩
　　　　　　孟欣　王吉　陈晓悦　王伟　曹鹏
　　　　　　赵泽宏　李兆云　刘子明　刘媛欣

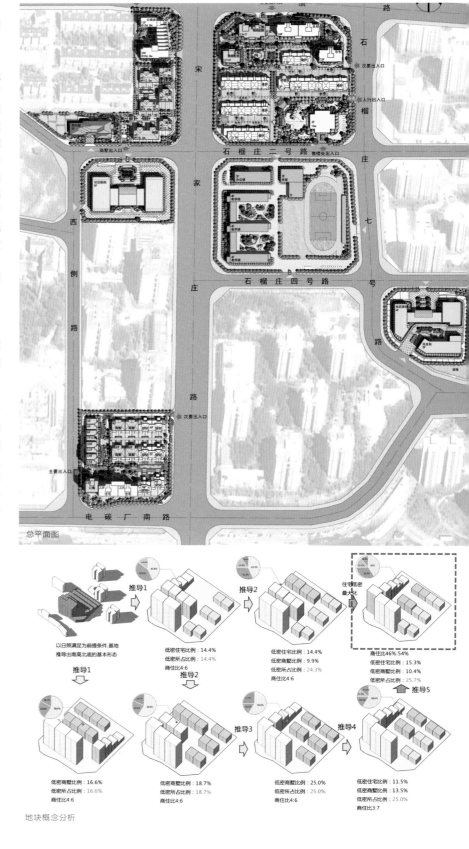

总平面图

地块概念分析

立面图

人视效果图

人视效果图

人视效果图

人视效果图

中国西部科技创新港——智慧学镇科研、教育板块（A标段）设计

二等奖 • 公共建筑／一般项目　　　　项目地点 • 陕西省西咸新区沣西新城
• 独立设计／未中选投标方案　　　方案完成／交付时间 • 2016 年 2 月 19 日

设计特点

项目位于陕西省西咸新区沣西新城。按照现有的总体规划，创新港从功能上分为科研板块、教育板块、转孵化板块和综合服务配套板块。其中科研教育板块分为 A、B、C、D 四个标段。A 标段位于地块最南端，需建设建筑面积 270900 平方米，东西两侧规划为城市公园，南侧为城市外围道路及轻轨线。项目包含能源新技术研究院、电力电子研究院、公共物资仓库、航天航空研究院、新材料研究院，各学院均包含高大空间实验室。

设计从城市设计角度出发，强调科研、教育与庭院环境的关系。建筑形体以学院为单元，呈院落形态。由于项目用地较为紧张，设计通过将大空间实验室沿城市外围道路一侧集约布置，使各研究院最大限度地解放出来，并结合各研究院的自身特点，营造了多层级的景观平台，为研究、学习、活动创造高品质的庭院环境。为了最大程度满足教学、研究的使用需求，方案按照单元化、模块化的思路，划分各单元。外侧为实验室单元，内侧为办公单元。单元之间设置电梯、楼梯、卫生间等服务空间。建筑立面由光伏电池板屋架、红砖主体以及沿街沿廊形成古典的三段式意向，延续了老交大文脉，具有明显的学府气息。

设计评述

项目的整体规划设计与本区域的总体规划契合度较高，主要的教学、研究空间位于内侧，远离交通干线的噪声影响，实验室设在靠近交通主干道一侧，形成一个很好的声障和缓冲空间。

规整的院落格局是本项目最大的特点。各个院落空间自然地划分了各个学院，而院落之间的通道又使院落空间不至于过于封闭，空间之间能够相互流通。其间自然分布的绿化进一步丰富了空间的层次，营造出舒适的研究学习氛围。大面积光伏电池板作为建筑主要的元素，既是建筑的主要形象，也最大化地利用了光能这一清洁能源。

主要设计人 • 叶依谦　刘卫纲　陈震宇　霍建军　陈禹豪
　　　　　　陈向飞　岳一鸣

西南鸟瞰效果图

庭院人视效果图

沿街人视效果图

张家界娄水温泉度假区游客中心

二等奖 • 公共建筑／一般项目
• 独立设计／非投标方案

项目地点 • 湖南省张家界市慈利县江垭镇
方案完成／交付时间 • 2016 年 2 月 2 日

计特点

目是湖南省张家界市慈利县江垭镇温泉度假村规划二期开
工程。周边群山起伏，延绵不绝，北临娄江，氤氲升腾。
假区内，翠啼春晓，水韵夏英，林醉秋色，雪眷冬妆。又
长廊木道，贯穿景点之间。但场地也存在大部分为山地，
缓区域有限等问题，为酒店功能与流线设计带来了巨大的
战。这也是设计团队面临的主要问题。

计构思——以山为形。山地环境是限制因素，也可以是设
源泉。曲折有致的屋顶承载着传统的记忆。设计将传统屋
与山的起伏结合，并通过现代的手法予以表达。这种起伏
着山地高差的变化，形成重重叠叠山状的立面效果，将建筑
隐于群山之间。而玻璃与百叶等元素的介入，墙面中时而
射出的快然绿意，进一步消解了建筑与自然的距离。

能策划——以水为轴。温泉是度假村的根本所在，水也与
店之间存在着不解之缘。我们希望以水为轴，公共性空间
合"水轴"布局，私密性空间则围合院落，穿插于"水轴"
上，将每个个体融入"以水为轴"的空间序列中。同时，
轴水院随着高差层层叠落，尽可能不对山体造成破坏。层
叠水的错落处理中，引入水、石、竹、墙等造园元素，并
过对景、夹景、框景、借景、抑景等造景手法，达到现代
筑与传统园林的融合。

计评述

目用地多为山地，地形复杂。方案能将不利因素化为有利
件，充分利用地形的高差变化，在建筑立面上形成重重叠
的效果。屋顶柔和的曲线，结合立面元素，消解掉建筑的
量感，使得建筑与周边自然环境相协调。空间布局上，酒
客房结合庭院，形成相对独立又各具特色的客房组团，而
组团与中轴水院紧密联系。整体布局清晰合理，以水为主
的庭院空间也颇为有趣。材料多采用本土材料，较为合理
使用，具有较强的视觉冲击力，也一定程度上控制了造价。

案指导人 • 黄捷

要设计人 • 李敏茵　余彦睿　许菲茵　吕敛江　刘嘉旺
　　　　　汤颖茵　黎璇　林鹏飞　刘荣坤　邱森林
　　　　　李夔　蔡友源　符晓风　周璐

案评审人 • 黄捷

东南鸟瞰效果图

无边际水池效果图

中轴水院效果图

九江归宗云庐书院建筑方案设计

二等奖 • 公共建筑／一般项目
• 独立设计／非投标方案

项目地点 • 江西省九江市星子县
方案完成／交付时间 • 2015 年 9 月 15 日

设计特点

云庐会所位于江西省九江市星子县，近庐山核心景区，在晋代归宗寺遗址旁。基地内有七颗树龄 1700 年且至今繁茂的古樟树，在此可远眺金轮峰和玉帘泉瀑布，颇有"望庐山瀑布"一诗中描述的意境。设计中，望——通过现场测绘和定位，确定可以看到玉帘泉瀑布的范围，以此确定建筑的流线和形体关系；影——谨慎处理墙和古树的关系，通过投影在墙上的树影，形成建筑富于变化的表情，白墙加树影的肌理效果更能打动内心；音——从附近的鸾溪引水，设计出层层的跌水景观，将山泉的自然声响引入建筑，更增加其山野气息；古——将一有三百余年历史的古宅迁徙至此，由专业工匠复建，如同静静矗立于此的老者，突出了项目归隐、自然、野趣的精神气质。

设计评述

云庐会所项目在山林野趣的自然环境中，是为与自然相交融而做的一个尝试。项目突破了传统的设计思路和手法，从远望瀑布、近赏树影、侧耳听声、古今变幻几方面作为着眼点，注重对光线、气味、声音等感受的关注，创造出具有自然、山野、归隐、无争的"世外房子"。如设计师王戈所言："每个人都有梦想或者愿景，这块土地所承载的东西很多——历史的、人文的，很特殊，可以让适合的人们构建梦想。我觉得适合在这里做一个有一定梦境的房子，超然、朴素、无为。"

主要设计人 • 王戈　王鹏　刘蕾

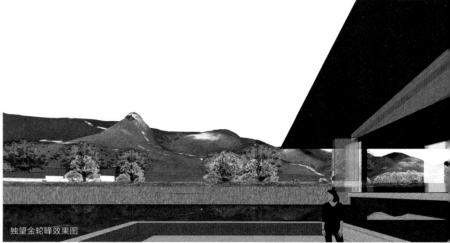

独望金轮峰效果图

层层跌水景观效果图

北望山野效果图

山庐内景效果图

苏州木渎中航樾园展示区建筑方案设计

二等奖 • 公共建筑／一般项目
• 独立设计／非投标方案

项目地点 • 江苏省苏州市吴中区木渎镇金山路
方案完成／交付时间 • 2015 年 12 月 20 日

计特点

州木渎中航樾园展示区，功能主要为项目展示和销售，包 1800 平方米新建建筑以及一座 350 平方米的"老宅"。目紧邻金山湖，可观望湖中寿桃山。

计概念主要包括：太湖石——建筑如同湖岸边破土而出的石，一半露出，一半消隐埋藏于山下，与自然地势地貌紧相连。外实内虚——外立面刚劲，但不失灵动，模拟被自侵蚀的孔洞效果；内院虚幻，但不失气势，异形轮廓的院空间，辅以起伏的白色金属网，建筑或明或暗、或隐或现，成多层次的视觉感受。古今对话——将一座三百余年的古整体搬迁至此，嵌入内院建筑之中，如同异石中镶嵌的美，成为空间和视线的焦点。古宅外被具有渐变效果的丝网刷玻璃包裹，演绎出现代韵味的"苏式园林"。

计评述

目因地制宜，巧借山势，将一部分建筑体量埋入山中，化了体量过大的问题。在新、老建筑之间，碰撞带来的时空越，以及在空间转换过渡等问题的处理上，都细致推敲，到了情理之中、意料之外。此外，尝试了新建筑材料的表达，网印刷玻璃、金属网、素混凝土剁斧墙面等，给建筑带来全新的视觉感受。建筑、景观和室内设计，紧密沟通配合，到了气韵连贯的高完成度作品。

要设计人 • 王戈 王鹏 于鸿飞

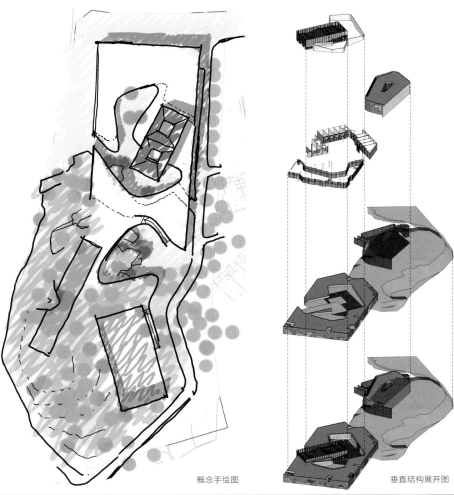

概念手绘图   垂直结构展开图

建筑外立面实景照片

北京国际文化硅谷展示中心项目

二等奖 • 公共建筑／重要项目

• 独立设计／中选投标方案

项目地点 • 北京市朝阳区

方案完成／交付时间 • 2016 年 5 月 11 日

设计特点

北京国际文化硅谷项目位于朝阳区酒仙桥地区（西侧紧临798 厂区），是集科研办公、展览展示、商业餐饮等功能于一身的总部办公园区。其中，展示中心位于地块中段西侧，为园区及 798 艺术区的艺术展览、产品发布或小型活动等提供场所。建筑外形采用与园区办公楼风格一致的线性语素，勾勒出北高南低、环绕连续、一气呵成的几何形态；并在其东侧围合形成室外空间，与由南至北贯穿园区的景观大道一同组成艺术广场。艺术广场既丰富了园区内部的空间氛围，又可以将展示中心的内部功能向室外延续，提供多元、灵活、绿色的观展体验。建筑外墙采用开放式构造且以具有亚光质感的阳极氧化铝板和超白玻璃作为主要材料。得益于屋面、幕墙一体化的几何形态，以及简约、现代的材质效果，建筑整体外观形象既简洁、素雅又充满动感。

展示中心占地 1200 平方米，地上建筑面积 2000 平方米。建筑高度 12 米，地上两层，地下一层。首层为灵活开敞的大空间，包含门厅及大型展品陈列区，主入口位于建筑北侧；二层为产品发布区，在建筑东侧有独立通道连接至艺术广场。设备机房及辅助功能用房位于地下。798 厂区及其周边的建筑几乎都是工业化氛围浓重的包豪斯设计风格。展示中心建成后，其简约、现代、充满未来感的建筑形象，将会成为 798 地区新的视觉导向，其独特的建筑魅力将为酒仙桥地区注入蓬勃的动力。

设计评述

展示中心的创意契合了园区整体项目的风格特性，提升了园区的文化品质，灵动的造型使得展厅建筑本身就成了一个展示作品。建筑从南向北徐徐提升，与地景良好地结合在一起，将人的活动范围从室内扩展到室外。不仅扩展与延伸了建筑使用功能，同时丰富了室外环境的体验感受。建筑规模虽然不大，但可以看出创作团队投入了不少精力。建筑方案对空间与造型的把握值得肯定。

方案指导人 • 马泷

方案负责人 • 王伟

主要设计人 • 孙晟　王鲁丽　张涵　潘萌

总平面图

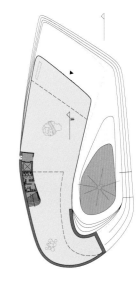

首层平面图

鸟瞰图

室内展厅效果图

沧州天成熙园二期

二等奖 • 居住建筑及居住区规划／一般项目 项目地点 • 河北省沧州市
• 独立设计／工程设计阶段方案 方案完成／交付时间 • 2015 年 9 月 10 日

设计特点

天成熙园二期居住小区项目位于沧州市海丰大道西侧，九河路以北。在规划设计中体现以人为本的原则。在满足交通便利、布局合理、功能完善的宗旨下，创造出环境优美、功能明确的居住休闲空间，使建筑与自然和谐共生。结合现状条件进行规划设计，将小区内部住宅结合绿地进行布置，实现小区的景观均衡性。在绿地中设有健身场地、花坛景观。小区内部配套设施齐全，方便居民的日常生活。

规划地块的内部道路系统与城市道路关系和谐，道路以简洁、自然的形式将小区整体贯通，为方便小区居民、车辆的进出，在小区内设置地下一层机动车车库。在小区西侧规划市政道路规划人行出入口；在东侧海丰大道和南侧九河路规划人行出入口及地下车库出入口，车辆就近进入小区地下车库，居民通过车库可以直接到达每栋住宅。沿小区内部道路设临时停车位，方便居民使用。

规划围合的建筑空间，为住户提供了一个利于交往的邻里空间。中心绿地景观效仿自然，将绿化与小品景观相结合，同时配以室外活动场地，形成边线曲折流畅的自由形态的铺地，营造出小区的自然环境与人文环境。由于地下车库上覆土层较浅，尽量布置草坪及灌木绿化，重点配置建筑小品，如坐凳、花坛、铺地、灯具等，给居民创造一种其乐融融的人际交往氛围。在小区道路两侧的人行路旁植行道树，形成贯穿小区的绿色走廊。居民身处小区之中，可以体会到不同效果的绿化及景观。为小区居民的户外活动创造优美、舒适的各种层次丰富的空间环境。

设计评述

本项目规划空间布局合理，规划设计中体现以人为本的原则，创造出以大公园为特色的小区空间和利于融合的社区交流空间。绿化特色突出，层次性强。结合现有的规模与条件进行相对的处理，形成视线均好、相互平衡的绿化系统。在项目中设置地区级的配套公建，规模适中且布局灵活，既满足居民的日常需求，体现了一定的便民性，也具有商业整体氛围，增加了整个小区的竞争力。

方案指导人 • 吴凡

方案评审人 • 侯新元 马跃

主要设计人 • 周皓 陈大鹏

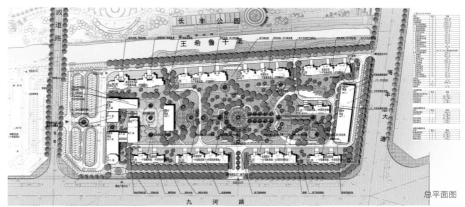

总平面图

鸟瞰效果图

2# 楼南侧效果图

扬州大剧院

二等奖 • 公共建筑／一般项目
• 独立设计／未中选投标方案

项目地点 • 扬州市文昌区
方案完成／交付时间 • 2015 年 12 月 16 日

设计特点

规划将两块被河道分割开的用地作整体考虑。项目中大型的公共观演设施包括 1600 座歌剧院、800 座戏剧场、500 座曲艺剧场、200 座多功能小剧场及影城。沿北侧国展路有序布置各个观演厅，与博物馆、文化中心及会展中心形成体量协调的城市界面，同时可更加便捷地引入和疏散大量的观演人流。

沿用地南侧及东侧，布置了餐饮文化艺术综合区。西侧为后台、培训及办公区。这些可全天候使用的功能被放置在尽量靠近湖边的区域，可充分享受明月湖景观及南向的阳光。

项目由观演建筑群和餐饮文化艺术综合建筑群组成，围合成一座半开放的院落，沿北侧国展自然形成三个开口，分别是文化设施入口、商业设施入口、可望向湖面沿河景观的视线出口。院落中包括一个平台，到访观众可通过此平台到达各个观演厅。院落中的庭院用来迎接到访的市民及游客。河道经过部分调整后穿过基地，把平台和庭院分隔开来，既增加了园区的活力，亦可让观演人流与普通人流有效分开，互不干扰。

设计评述

项目内建筑体量呈西北高东南低，可使各栋建筑物皆有良好的湖面视野和采光。在沿明月湖一侧形成互相掩映的建筑效果。

主要设计人 • 郭鲲 李翀 丁英 张溥 韩巍 徐兹雷 汪云峰

鸟瞰效果图

明月湖人视点效果图

主入口平台效果图

空中连廊效果图

郑州市民公共文化服务区奥林匹克体育中心

二等奖 • 公共建筑／重要项目
• 独立设计／未中选投标方案

项目地点 • 河南省郑州市高新区
方案完成／交付时间 • 2015 年 9 月 8 日

设计特点

奥体中心是郑州市东西轴线的重要节点，与东侧的现代传媒中心遥相呼应。公共交通在此交汇，地下商业空间东西贯通。地下环形隧道将各个地块串联在一起。体育场位于用地西侧，体育馆、游泳馆分别布置在用地东北角、东南角。三馆屋面连续，开口面向文体绿轴，与媒体中心相呼应。商业中心面向入口广场打开，同时与东侧地下商业街及南侧的地铁站相衔接。四通八达的地下空间设计与开放的商业空间形成了一个汇聚城市人流的大型城市综合体。

整个区域及建筑采用多项绿色生态技术，如智能化控制体系、太阳能热水、太阳能光伏发电照明、LED 立面节能照明等，实现建筑智能化。各项绿色技术与楼宇自动化系统进行对接，全面降低大楼能耗指标。

设计评述

郑州市民公共文化服务区奥体中心方案的设计将"一场两馆"及配套酒店、媒体中心、商业等属性各异的建筑，以大胆的设计构思整合为完整的城市形象。建筑造型独特，富有创意，力图使之成为最具活力的城市空间。总平面设计用地紧凑高效，各类动线清晰合理。

方案指导人 • 杨洲

主要设计人 • 马跃　孙彦亮　柴婉晴　庹航　段邦禹
　　　　　　夏渤洋　成龙　李雯

鸟瞰效果图

体育场赛场效果图

室内效果图

日景人视效果图

深圳 TEAFOOD 餐厅室内和室外平台设计

二等奖 ● 室内设计／一般项目

● 独立设计／非投标方案

项目地点 ● 深圳市高新南区

方案完成／交付时间 ● 2015 年 12 月 25 日

设计特点

深圳市高新南区 TEAFOOD 餐厅室内和室外平台设计，涉及室内装修面积约 500 平方米，室外改造面积约 510 平方米。一期（TEABANK）完成室内改造面积约 500 平方米，收到较好的反响。因此，二期空间风格需要与一期空间一脉相承。同时，业主要求延续茶和书的线索，功能由茶吧、图书馆改成了餐厅，更强调空间的紧凑、有格调、具有空间记忆亮点。

在设计过程中遇到一些问题，如将原有的办公空间改造为餐饮区时，存在净高问题及动线交叉等问题。功能上与一期图书馆及室外平台皆能联系，布置于内部的卫生间需方便可达且不影响就餐，这都要求有恰当的交通组织方案。设计之初，并未考虑将室外平台作为餐厅独立出入，因而缺乏可达性及昭示性。空间如何合理划分，如何创建合理的交通流线成为除了效果之外的首要问题。

设计所给出的系统解决方案为：着重打造入口及枢纽空间；对就餐空间做轻松处理，令空间有张有弛；从空间形状到吊顶灯具皆遵循五边形母题，与一期空间一脉相承，且形成强烈的记忆亮点；以通透的展示架＋书架做为划分区域的手段，既保证视线的通达又控制了空间尺度，同时延续了茶和书的线索；重新梳理室外平台的动线及分区，利用有强烈方向感的家具将平台的视觉效果加以提升；利用建筑手法改造外幕墙，强化室外入口。

设计评述

项目是工作室第一个室内设计项目，设计人通过学习大量的资料基本掌握了室内设计的控制流程，并取得了较好的完成效果。在设计过程中，充分发挥了建筑师的职业优势，对改造中容易出现的大量问题以及施工过程中将发生的专业协调问题进行了充分预判，为项目顺利推进争取了时间。在整体空间效果上，不刻意强调软装的调节性，在主要构件材料和色彩的选择上采用建筑化、具有全局观的控制原则，令整体效果统一完整，又不失变化。室外空间的组织亦发挥了建筑师在空间组织以及协调各专业方面的优势，简洁但效果显著。

方案指导人 ● 王戈

主要设计人 ● 张镝鸣　王鹏　赵甜甜　马笛　刘蕾　于鸿飞

吧台

主用餐空间

主用餐空间

北京大学理科楼改造项目

二等奖 • 公共建筑／一般项目　　　　项目地点 • 北京市海淀区北京大学
　　　• 独立设计／非投标方案　　　　方案完成／交付时间 • 2016 年 06 月 5 日

设计特点

北京大学理科三号楼位于北京大学东门内南侧，建成于 1991
年，限于当时的历史背景和经济条件，早已无法满足现今北
大的教学功能和文化要求。纵观世界，各大历史名校的教学
建筑往往不追求高大雄伟，而更看重人性化的尺度和温馨的
校园氛围。我们首先将现有不协调的建筑尺度与比例转化成
富有细节层次的，和北大环境相协调的建筑体量，减少压迫
感。将现状的"大屋檐"进行合理改造，增加檐口、墙身、
底部柱子的建筑层次，使之更加怡人。同时，我们将北大记
忆映射到建筑立面当中，对每个建筑细节反复推敲，塑造科
学理性与人文精神相结合的育人环境，提取北京大学历史建
筑的抽象元素，衔接、融合新的建筑细部。改造方案不限于"一
楼一景"，而是延伸至整个东校门区域，以求得整体延续和
统一，减少之前校园内局部改造的"碎片化"现象。

设计评述

方案在建筑体型改造方面具有逻辑性，改善了原有建筑的沉
重、压抑感。建议下一步从立面尺度、线条处理方面进行深化。
在环境的设计上，运用现有空间架构，将校门到图书馆的建
筑序列作为重点，塑造一个由广场组合的庭院空间序列，并
以柱廊加强庭院的围合关系。以图书馆为轴线进行布局，通
过广场空间逐步推进到理科楼群，达到"以点带面"的效果。
可以引入建筑信息模型 BIM 系统进行结构设计，最大化利用
原有建筑结构，减少浪费。依据现有建筑结构建立信息化、
可视化模型档案。

主要设计人 • 谢强　张钒　王威　乔利利

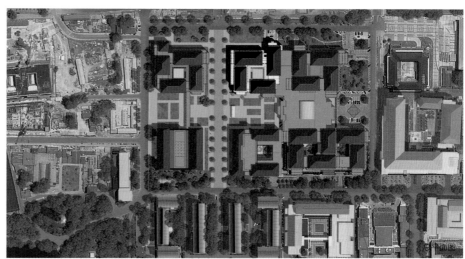

总平面图

沿街效果图

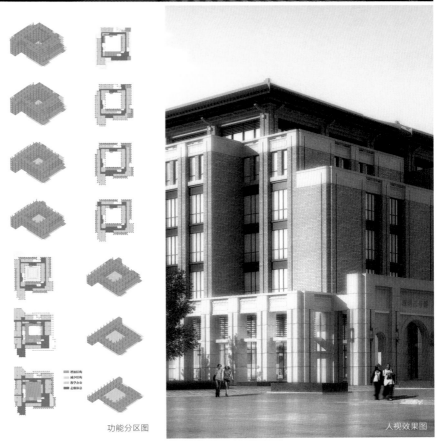

功能分区图　　　　　　　　　　人视效果图

北京玉河 1 号四合院改造项目

二等奖 • 居住建筑及居住区规划／一般项目
• 独立设计／非投标方案

项目地点 • 北京市东城区枋棒胡同
方案完成／交付时间 • 2016 年 1 月 25 日

设计特点

北京玉河 1 号院，位于玉河南侧，坐落于北京历史悠久的老城之中。玉河曾是明代漕运进京的通道，是位于北京核心区域的古老河道。河岸两侧建筑展现了北京古都的建筑风貌，在老北京城区中有着重要的地位。方案设计旨在保留原有老北京四合院古韵的前提下，重新划分房间和功能，以满足当代人舒适生活的需求。设计保留了北京四合院的古老形制，将东南角作为整个建筑的主要出入口，建筑沿轴线布局，层层递进，逐步展开。建筑功能相互独立，又相互连接。平面格局基本为两个合院。整个院落最重要的房间位于四合院北侧，也是此次设计中的主要功能空间，是主人居住、会客、娱乐的主要空间。建筑围合出的院落，是整个设计的景观中心。优美的景观设计，提高了院落整体的生活品质。在保留传统建筑的同时，又加入现代的设计手法，以木构架结合玻璃形成坡屋顶，使建筑整体虚实相应。建筑材料方面，使用传统的灰砖、灰瓦，并加入现代的木构架和玻璃，形成对比，给老城增添一份生气。

设计评述

项目位于北京老城区内，因而对于传统建筑的处理和深化尤其重要。在保留传统的同时，要加入现代化的设计手法，满足当代人的审美需求。设计在保留传统的老北京四合院布局和形制的同时，融入现代元素，利用玻璃屋顶，使屋顶产生虚实变化，能更好地体现传统合院的特点。功能布局合理清晰，院落景观优美，提高了整体的生活品质，为玉河地区注入了新的活力。

设计总负责 • 朱小地

主要设计人 • 金国红　陈莹　侯婕　邱磊　段可然

鸟瞰夜景效果图

庭院效果图 3

庭院效果图 1

庭院效果图 2

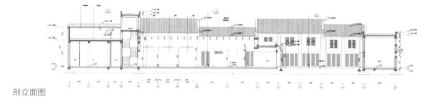
剖立面图

成都新机场航站区规划及航站楼方案

二等奖 • 公共建筑／重要项目
• 合作设计／未中选投标方案

项目地点 • 四川省成都市天府新区
方案完成／交付时间 • 2015 年 5 月 15 日

计特点

都新机场方案引入了在机场非常罕见且令人激动的特色布：无论空侧还是陆侧，在每个主要空间都可以直接看到航站顶；换言之，能感受自然日光。这一特色布局是通过将主要能空间精心层叠来实现的。将各楼层贯通并在所有可能的地打通视线。这样的中空布局使自然光顺利进入到较低楼层，造出楼层之间的新视野，直至行李提取大厅。通过观察屋顶位，可以判断大致方向。屋顶的设计可以表达其结构构造，时木材覆面使人想起成都历史悠久的城市建筑。

站楼外部屋顶布局为一系列凸面构件，以反映中国尤其是川地区传统建筑屋顶的特点。我们采用了当地传统建筑理以及几何规划方法，并在当代文化及现代科技的背景下重做出诠释，使机场拥有独特的外部维护结构，并充满中式色。

动的节奏以及令人兴奋的空间引导旅客穿行于航站楼之，整个旅程被分割为一系列尺度宜人的可亲近的空间，营出令人愉悦且舒适的环境。通过现代手法使用传统材料，括木制幕墙、石材及砖材，使我们能够谨慎且巧妙地重新释当地设计语言。

计评述

案采用了两个相互联系的航站楼单元，形成了超大机场的体处理能力。两单元侧对陆侧，形成了一套轨道位于两单之间的交通系统。项目的实施方案也采用了相同的规划布。建筑设计方面，内外空间处理借鉴传统建筑，采用了重变化的单元结构组合和自然的色彩，在航站楼建筑创作方进行了有益的尝试。

要设计人 • 王晓群 李树栋 徐文 任广璨 陈静雅
张永前 黄墨

T1航站楼正面空侧鸟瞰效果图

航站楼屋顶形态效果图

三层离境大厅安检区效果图

东营市档案馆

二等奖 • 公共建筑／一般项目
• 独立设计／未中选投标方案

项目地点 • 山东省东营市东营区
方案完成／交付时间 • 2015 年 12 月 8 日

设计特点

项目通过建筑界面的消解和空间的引入来实现当代档案馆的公共服务属性，体现档案馆建筑的文化性、开放性。既表达了档案馆的公共性，又体现了其自身的档案存储属性。

黄河、湿地和石油孕育了东营，是东营的城市记忆。档案馆体现了东营市的独特文化韵味和地域文化特色。项目发挥公共文化属性，为市民服务，带动周边区域的文化氛围，打造府前大街轴线的西端文化节点。

各功能区相对独立，互不干扰。总体布局充分考虑到府前大街和华山路的影响，将建筑主出入口布置于临府前大街一侧，将西侧临近绿化用地的一侧尽量打开，形成渗透和延续的景观。因东侧界面面向居住区，因此将采光、通风需求较少的档案存储功能布置于东侧；南侧为办公和业务技术用房区块，安静、独立，环境优雅。建筑造型设计从档案馆自身属性出发，将最富有特色的档案库体量提取出来，置于基地东北角，形成高耸密实的主体量。围绕档案库体量穿插设置公共服务及办公功能。在立面肌理上，提取了东营这座城市独特的资源及发展历程作为基本元素进行抽象设计。档案库体量采用黑褐色石材，在肌理上模拟岩石断面的形态，造型仿佛从岩层之中迸发出的黑色石油，寓意东营以石油开采为契机而发展崛起。公共服务及配套办公体量采用白色陶板，构成横向线条，通过宽窄变化，塑造线条间丰富的横向肌理，犹如黄河冲积下形成的白色土地。

设计评述

设计团队应根据部门技委会给出的意见，进一步调整建筑的色彩关系以及形体关系，突出建筑的地域特点和文化特点，明晰设计理念。同时，学习优秀案例的方案组织模式，精心编排文本顺序和 PPT 架构，力争向客户传递完整的设计意图和理念，以利于项目的进一步推进。

方案指导人 • 解钧
主要设计人 • 魏长才　厉娜　黄盛业

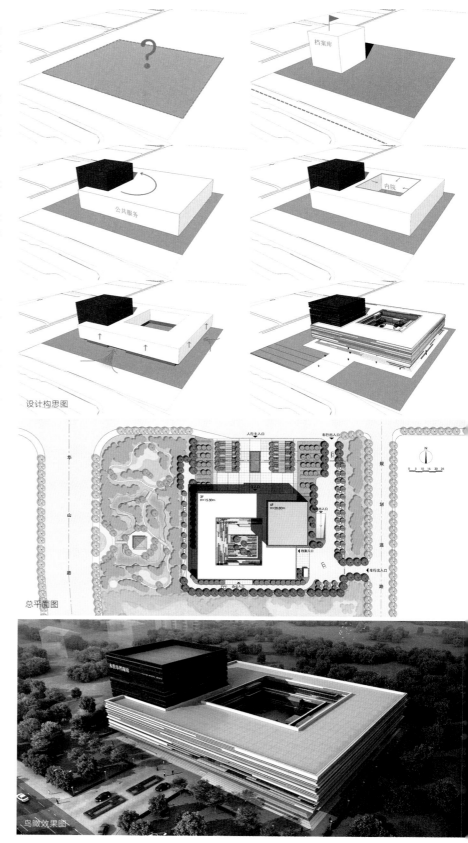

设计构思图

总平面图

鸟瞰效果图

北京丰台科技园区提升区域环境综合整治设计

二等奖 • 景观设计／一般项目
• 合作设计／中选投标方案

项目地点 • 北京市丰台区丰台科技园
方案完成／交付时间 • 2015 年 7 月 10 日

计特点

目基地位于北京市丰台区西南四环外，其中一、二期总占面积约 280 公顷，总建筑面积 350 万平方米。为提升环境量，更好地服务入园企业，丰台科技园管委会计划开展区环境综合整治工程。项目为 2015 年市级重点整治项目，要包括景观提升、步道铺装、道路中修等内容。

目亮点体现在，以尊重场地景观为前提，利用微坡地形作设计手法，营造智慧科技园区的生活体验。创客花园项目特点是丰富的空间界面，规划了三种景观流线，串联起三空间。分别是屋面层空间、地面层空间和下沉空间的流线。口位置设计在园区主要人流方向上，并满足无障碍需求。绿化空间中又设有通往屋面层的道路，通过竖向空间上的织，在有限的场地内做出了多种选择的流线组合，增加了览的趣味，使游人在屋面、地面和下沉空间都可以游览、留、观赏等。对街角场地进行整体设计，突出花园办公的题，对外形成现代、简洁的立体绿化对景。结合健身场地、外智能化、休憩场地、优质绿化等丰富科技办公人群的城体验。

计评述

台科技区提升区域环境综合整治设计项目以环境提升为要内容，特点是面积大、项目多、现场摸查任务重。因此，对现场进行全面考察，提出改造提升的对策。基于对现状充分理解，在景观提升方案中提出了各重点部分的解决方，从停留空间的优化提升、绿化空间的优化提升、CI 系统更换完善、照明系统的优化提升、科技文化的提炼引入等个方面进行了有针对性的景观提升方案设计。为业主创智道提名参加 2016 年街道精细化管理评比与中环西路提名加 2015 年街道精细化管理评比提供了优秀的设计方案。

计总负责人 • 刘健

要设计人 • 宓宁 耿芳 黄小川 苏静 房昉
姜珊 张慧 章杰 何伯 刘睿斌
汤阳 赵蕊

案审核人 • 刘辉 刘庚吉

人视效果图

人视效果图

人视效果图

瑞昌庐山建筑博览园公寓概念方案

二等奖 • 公共建筑／一般项目
• 独立设计／未中选投标方案

项目地点 • 江西省瑞昌市
方案完成／交付时间 • 2015 年 04 月 13 日

设计特点

庐山建筑博览园公寓项目位于规划中的瑞昌市新城区东南部 15 号地块。用地呈梯形，四周临规划道路，东南侧靠近花海景观带。方案设计试图通过场地平面布局，将居住功能与辅助功能分开，使所有住宅单元均享受南向面对花海景观的条件。通过布置于场地西侧的停车楼解决停车功能。停车楼与公寓之间以多条空中走廊连接，形成丰富的半室外中庭空间。结合垂直绿化，创造出通透、明亮、绿色、活泼的归家之路，还可用于聚会、表演等活动。

户型设计中，保证南北通透，充分利用进深长度，形成单元化、紧凑的户型排布，使每户均享受南向阳光和景观。建筑立面采用涂料及局部石材装饰，节省成本，并满足可持续性原则。

设计评述

本方案充分利用南侧景观资源及朝向，保证主要居住功能的品质。西侧停车楼的设置规避了无法下挖场地的困难，节省了用地，并在住宅与停车楼之间创造了多功能的共享空间。共享空间内走廊的结构支撑体系欠缺考虑，实现难度较大。户型设计仍有推敲的空间。

方案指导人 • 米俊仁
主要设计人 • Nuno Mica Ella 高袁晨曦

鸟瞰效果图

沿街效果图

内部效果图

瑞昌庐山建筑博览园幼儿园概念方案

二等奖 ● 公共建筑／一般项目　　　　项目地点 ● 江西省瑞昌市
● 独立设计／未中选投标方案　　　方案完成／交付时间 ● 2015 年 04 月 13 日

设计特点

庐山建筑博览园幼儿园项目位于瑞昌市规划新城区的西北部。用地呈弧形，北面临河，南侧及东侧面即将兴建商业街、酒店等大体量建筑。我们对地块所能承载的建筑容量进行了评估，并参考了国内相关规范及政府文件，得出了此地块适合的建筑规模，即可容纳六个班的中小型幼儿园。项目所在地能够享受瑞昌得天独厚的自然景观。我们将花海乐园的区域规划理念引入建筑设计，并提出了"围合"、"玩具"、"流动"、"生态"四点设计原则：1. 形成内向院落安全宜人的中心庭院空间，避免外部商业建筑群对内部儿童生活的影响，适度引入自然景观，视觉通道同时为夏季的通风散热创造条件；2. 多样化的空间布局形成多种形态的游戏及教学场所，使建筑成为"大玩具"；3. 以流动的外部形态融入花海的自然环境，以连贯的动线贯穿建筑各个空间，内外和谐统一；4. 将生态理念贯彻到设计中，依据瑞昌当地的自然气候特征，通过屋顶种植、太阳能收集、雨水再利用等节能措施，实现建筑的低能耗。在控制造价方面，利用当地特有材料及建造方式，实现生态、可持续建筑的目标。在造型方面，外墙采用混凝土结构、外保温及灰砖饰面的复合墙体，并利用江西盛产的竹子塑造内院及室内的空间，形成内外合而不同的空间体验和感受。

设计评述

方案充分利用场地狭长的条件，通过围合形成内院空间，隔离外界喧闹的商业气氛，并营造出鲜明、独特的建筑形式，具有幼儿园建筑特色。建筑形体与功能有机结合，并通过坡道将内外动线合二为一，形成流动的室内外空间体验。立面设计着重考虑当地材料与构造做法，结合灰砖与木材，形成朴素、温暖的立面肌理，并利用当地的竹子作为内院立面语言的一部分，体现地域性特征。局部点缀鲜艳的颜色，为幼儿园增加了活力。根据当地自然气候特征采取屋面种植、太阳能收集等措施，贯彻了绿色节能的设计原则。

方案指导人 ● 米俊仁

主要设计人 ● 张昊 Anna Nuno Ella Kyu

远景人视效果图

坡道效果图

内部效果图

湛江南海西部油田生产指挥中心

二等奖 • 公共建筑／一般项目
• 独立设计／未中选投标方案

项目地点 • 广东省湛江市坡头区
方案完成／交付时间 • 2015 年 08 月 21 日

设计特点

项目为中海油南海西部油田生产指挥中心。用地位于湛江市坡头区，南近南调路，东临沿海大道，西望湛江海湾。湛江地处夏热冬热地区，当地人更愿意在半室外的灰空间休息、停留。项目注重对室外灰空间的塑造，结合海景营造连续、舒适的半室外空间环境。依照业主确立的"稳重大方、简洁实用"的原则进行建筑外观设计。从海油特有的海上钻井平台等设施中汲取造型灵感，建筑造型充分表达中海油作为国家核心央企在南海的窗口形象，传达海油之窗的设计理念。

项目拟建总建筑面积约 93300 平方米，地上建筑面积 70300 平方米，地下建筑面积 23000 平方米，建筑高度 100 米。建设内容包括多功能厅、商务中心、会议室、应急指挥中心、办公空间、地下停车场及各类辅助用房。

方案采用了多层裙房与高层主楼相结合的布局方式。裙房位于场地西侧，包括大会议室、指挥中心、食堂等大空间功能用房；在主楼首层至八层设置大堂、展厅、中小会议室、档案室和数据中心；在八层以上设置标准办公室；在景观最佳层设置领导办公室。主楼与裙房在各层通过连廊相连，保证了功能的合理性与便捷性。

设计评述

方案注重地域性要素，结合当地气候特点，将室外空间环境设计融入建筑的灰空间之中。注重建筑材料选择，突出海油特色，在节约造价的基础上很好地表现了建筑的外观风格。总平面布局满足业主的功能需求，一主一辅的平面既满足了业主的使用，也可以进行分期建设，考虑比较周到。各层平面在视线分析的基础上，尽最大可能性满足观海的景观要求。结合绿色生态设计，创造了生态中庭，使建筑空间更加丰富，也营造了一种人性化的空间场所，供使用者交流。综上所述，推荐中海油南海西部油田生产指挥中心进行院优秀方案的评选。

主 要 设 计 人 • 叶依谦　刘卫纲　薛军　霍建军　杨曦
　　　　　　　　何毅敏　吕畅　赵元博　顾洁

东南鸟瞰效果图

屋顶庭院人视效果图

二观海平台人视效果图

深圳中学（泥岗校区）工程设计

二等奖 ● 公共建筑／一般项目
● 合作设计／中选投标方案

项目地点 ● 广东深圳市罗湖区泥岗西路 1068 号
方案完成／交付时间 ● 2016 年 08 月 30 日

设计特点

项目用地条件复杂，内存一条河道、两条规划地铁线路及两□保留建筑。总用地面积约为 120000 平方米，建筑面积约□23880 平方米。项目为一所含 75 班的高级中学，建设内容□含资源中心、课程体系楼、体育运动中心、学生生活文化□镇、架空连廊、配套工程等。方案秉承"一心两轴"的设□理念，使整个校园蕴含一条南北向的仪式感强的精神轴线，□成由严谨有序到自由烂漫的空间序列。通过一条东西向的□满活力和生活气息的启智轴，形成自由、交流、体验、创□的学生交流空间。在校园核心位置，营造一个 2500 平方□的校园中心绿地，形成具有人文情怀的灵魂空间。

□对深圳中学走班制的教学模式，项目应满足快速到达教学□各功能空间的需求。在方案中构建了体系楼、资源中心、□空层自上而下的纵向系统，使学生能迅速到达教学区各功□空间，实现功能最大集约化。针对南方独有的建筑特色、□杂的地形条件和多雨的气候特点，采用校园全架空设计，□通过连廊将所有校园功能空间（含保留建筑）相连，形成□层次交通网络系统。屋顶空间的利用和地面空间的解放实□了绿地最大化。架空层空间预留、教学功能空间及走廊的□功能复合使用方式，满足可持续发展的需求。

设计评述

□目由我院与深圳当地两家设计院合作设计，其重点在于三□协同设计。在设计过程中，除了做好各自范围的设计外，□相邻设计边界的对接也是对设计人员设计及沟通能力的考□，能够取得目前的成果着实不易。在方案设计上，项目着□于新的教学模式，在设计中体现新的教育理念，内外空间□局及架空层设计充分考虑到当地的气候环境和功能需求。□教学空间内部细节设计上，通过多方案比较，将新理念和□要求逐渐融入设计，最大程度地扩展了教学组织的灵活性□适应性，是设计方法和设计成果的一次创新。

□于项目只做到方案深化，希望设计人员能够在施工图设计□积极配合设计单位将现有成果落实完善，使其成为深圳当□的一个优秀的建筑作品，为未来校园建设起到指导和示范□用。

□案指导人 ● 褚平

□要设计人 ● 刘世岳　林昱男　房颖

鸟瞰效果图

人视效果图

人视效果图

人视效果图

北京世纪城市超高层综合体

二等奖 • 公共建筑／重要项目

• 独立设计／中选投标方案

项目地点 • 北京朝阳区朝阳 CBD 地区朝外大街
方案完成／交付时间 • 2016 年 05 月 23 日

设计特点

北京世纪城市超高层综合体项目，位于 CBD 核心区北侧起点，东临东大桥，西临京广中心，占据重要的区域位置。办公楼地上面积 170000 平方米，高度 278 米。住宅楼地上 33000 平方米，高度 145 米。建筑布局尊重 CBD 历史文化轴线。延续的景观大道、错落的绿化景致、下沉的叠水广场，以及避难层的立体化种植，使城市公共空间延伸到办公楼群，形成多层次的城市公共活动空间。造型设计摆脱了惯常的以竖向线条为主的超高层建筑设计思路，通过避难层的水平分隔、反光斜面元素和体块的错落关系来探讨稳定而又丰富的艺术感受。在避难层区域，将机房和避难区重新配置组合，产生更多的自由空间，在空中形成每五十米一个空中开放城市空间，为空中轻餐饮和空中休闲庭院提供了新的可能。空中花园中的绿色景观经哑光不锈钢斜向顶面的反射，跃然顶上，柔和而神秘，将花园绿色回赠城市。立面通透灵动的双层玻璃，配合疏密有致的木纹百叶，用现代语素诠释着新中式的建筑韵味。木柱、木盒、木窗——木房子，给北京带来温暖祥和的色彩，展现独特而又不忘初心的新北京形象。

设计评述

方案将办公和公寓集中为两栋塔楼，分别放置在梯形用地的两端，之间以沿街的裙楼连接，形成了通透的城市空间和具有标志性的建筑体量。将各段避难层处理为休闲绿化场所，再将每段的体量切分并做纵横线条的变化，使建筑产生了丰富的动态，形成了建筑的特征，并提高了办公区的环境品质。

方案指导人 • 马泷

主要设计人 • 刘小飞　杨柳青　李艺　康茜　杜月
　　　　　　张硕　曾波　黄婧　吴凡　王舸　李弘毅

东大桥角度效果图

剖面图

苏州木渎中航樾园规划及建筑方案设计

二等奖 • 居住建筑及居住区规划／一般项目
• 独立设计／非投标方案

项目地点 • 江苏省苏州市吴中区木渎镇
方案完成／交付时间 • 2016 年 05 月 17 日

计特点

目位于苏州市吴中区木渎镇寿桃湖路东侧，玉山路北侧，临玉山路，东侧为金山路，西邻寿桃湖及白马涧公园，项目总用地面积 163511.1 平方米，总建筑面积约 256000 平方，其中计容建筑面积 179862.21 平方米，不计容建筑面积 900.47 平方米。物业类型共包括 98 幢 3 层至 8 层低密度宅以及地下车库和其他配套设施。

率、方便、舒适是规划设计的三个重要原则，在高容积率前提下，效率最为重要，但是方便和舒适也不可忽略。效——公共空间分区明确、均匀有效；方便——路网清晰、距合理；舒适——道路尺度适宜、道路空间有序有变。

色与材质的运用突出苏州特色——白墙灰瓦，结合暖色的材与木质感的立面。白墙的端庄与木质立面的灵活，使大群组中产生细致的变化，有序的规划中形成错落的体型，分展现了苏式建筑的淡雅、轻巧、温和。运用空调机位的化，在序列中寻求变化，形成完整统一的立面效果。同时细腻的花格形成丰富的光影，创造人居建筑温暖的立面效。

计评述

目属于典型的地产开发项目，位于地域文化非常典型的苏，在商业开发与地域文脉方面取得了平衡。在规划方面，分总结并借鉴了传统水乡的路径方式，通过高差、扭转、大、收束等手法，以及对街道宽度、路网密度、路网长度定量研究，尽可能地将传统生活的尺度与画面置入住区之。在建筑形象方面，设计非常尊重当地文脉。运用白色的墙、灰黑的屋顶以及成片的木质立面，构建了苏州的意象。外，还运用金属穿孔板、精致的遮雨披檐、最新技术的钛板金属屋面等现代技术，为传统意象加入了不少现代演绎。

要设计人 • 王戈　杨威　王鹏　马笛　李鹏天
　　　　　 于鸿飞　荆国栋

叠拼透视图

双拼透视图

太原长风商务区地下空间概念规划方案

二等奖 • 城市规划与城市设计／一般项目
• 独立设计／非投标方案

项目地点 • 山西省太原市晋源区
方案完成／交付时间 • 2015 年 10 月 14 日

设计特点

方案以打造太原长风西片区新区"城市交通综合体"为目标，以"海绵城市"为原则，设计过程中注重保留自然环境和局部低影响开发。在适应环境变化和应对自然灾害等方面具有良好的"弹性"，具备在降水时吸水、蓄水、渗水、净水等功能，并在需要时将蓄存的水"释放"并加以利用。低影响开发方面，在场地开发过程中采用源头、分散式措施维持开发前的水文特征，其核心是场地开发前后，包括径流总量、峰值流量、峰现时间等水文特征维持不变。

设计评述

项目以规划引领、生态优先、安全为重、因地制宜和统筹建设为原则。整体规划以"海绵城市"为原则，在原有基础上进行局部开发，注重对城市原有生态系统的保护，具备对原有生态的恢复和修复功能。

项目运用了多项绿色技术，例如：光伏发电系统、生态树池系统、生态蓄水系统、屋顶绿化系统和屋面收水系统等。项目在功能策划上具有"综合性"，分四期建设，分别对应：运动休闲主题、艺术舒活主题、商业娱乐主题、文化创意主题，以满足不同人群的需求。项目一期建设以文化创意为主题，以保留原有自然环境前提下进行局部开发为主要设计思路。地上部分以自然环境为主，地下建设为商业艺术步行街，形成独特的空间感受。

设计总负责人 • 米俊仁
专业负责人 • 沈晋京　任振华
主要设计人 • 陈晓宏　张德韬　杨晶玉　赵超

鸟瞰效果图

人视效果图

沿街人视图

北京长安街公共空间提升规划

二等奖 • 城市规划与城市设计／重要项目
• 独立设计／非投标方案

项目地点 • 北京市长安街
方案完成／交付时间 • 2016 年 04 月 18 日

计特点

安街的设计范围，东起建国门西至复兴门，全长 6.7 公里；
伸扩展范围，东起通州宋梁路，西至门头沟三石路，全长
公里；宽度范围从道路到两侧建筑外立面，路口处延伸至
行道的第一个断点。设计内容包括城市家具、标识系统、
政设施、城市照明、建筑界面、道路及附属设施、绿化景观、
告牌匾、公共艺术共九大类。

为"神州第一街"，长安街担负着重要的国家使命，有着
可取代的重要地位，是国家重要的形象"名片"。方案通
不同主题的合理运用充分反映了长安街的核心价值。通过
中国文化的深化研究，结合长安街的重要意义，设计属于
安街的特有载体，运用在长安街的每一件设施上，使之成
独一无二的设计精品。

安街现有的城市公共空间景观中各项设施的材质、尺度、
彩形式较多，而且均存在不同程度的破损，多数设施的材
品质较差，并且布局缺乏整体规划，整体效果中缺乏统一
化的表达，各项设施没有成体系的发展，造成整体景观效
缺乏协调。将长安街城市公共空间景观效果中各项内容形
具有完整性和专属性的套系，以统一的文化表达来体现"神
第一街"庄严、沉稳、厚重、大气的特色，整体设计以灰
和绿色为基础色，古铜色和米色为点缀色。应用细致的工
、持久的材料来提升整体效果的建设和实施。

计评述

计方案以提升长安街公共空间为目标，设计理念准确体现了
神州第一街"特有的风格和基调。设计对现状调查充分，设
目标明确，内容完整，图文清晰，叙述详尽，注重在文化传
的目标下提炼具有文化传承意义的符号元素，满足设计方案
需求。专家组评审建议，在方案深化设计过程中需注意以下
点：一，对文化表达的符号元素需进一步推敲，进一步加强
化传承的准确性。二，与各项设施的主管部门进行对接，充
了解设施的具体功能需求，以确保满足使用要求。

案指导人 • 徐聪艺　孙勃　张耕

要设计人 • 王立霞　杨晓朦　王彪　郭晓娟　叶保润

1945年，日本投降后，国民党北平市政府按照当时流行的
"复兴、建国"的政治口号，将"启明门"改为"建国门"。

活动空间

长安街人行道效果图

郑州郑东新区如意形区域运河两岸建筑群概念设计（E 地块）

二等奖 • 公共建筑／一般项目
• 独立设计／非投标方案

项目地点 • 河南省郑州市郑东新区
方案完成／交付时间 • 2016 年 01 月 12 日

设计特点

项目位于河南省郑州市郑东新区运河纽带区，连接 CBD 与副 CBD。应甲方要求，与其他四家公司集成设计，每家四个地块，以"新中式"为主题，构建运河两岸的整体风貌。我方设计的 E 地块包含四个地块，总用地面积 4.5 公顷，总建筑面积 147000 平方米。其中，北侧两个地块为商务办公用地，限高 45 米，容积率 3.5，建筑密度 50%；南侧两个地块为商业地块，限高 45/30 米，容积率 3.0，建筑密度 60%。

项目的设计理念主要包括：城——城市态度，综合分析郑东新区乃至中原地区的城市特征、文化特点，进行城市设计策略研究；场——场所精神，深入解读场地，形成所在区域城市、环境、建筑以及人之间独一无二的关系；院——院落层台，从空间上解读"新中式"，通过设置不同高度的公共空间，满足人们的多元化需求；构——矩构之间，研究立面形体间的比例关系，注重韵律感、色彩搭配、地域性和装饰的多样性。

设计评述

项目对"新中式"在规划、建筑设计中的应用做了深入剖析，基于对当地文脉的充分研究做出针对性设计，符合郑州的中原文化特质，契合郑东新区的规划需要，推动了郑东新区的发展。总体规划中，对体量、高度、连续性、对称与拓扑、空间渗透、颜色、材质、夜景照明的控制，到单体建筑对层台空间、立面格局的设计，均体现了设计者对设计理念的理解。建筑体量方面，从整体规划上考虑，同时尊重城市景观，理性选择建筑材料及色彩，从不同高度、视角展示建筑与城市、运河的互动。不同高度的层台与室外沿河广场形成了交流活动场所，充分满足了人们的多元化需求。文本制作方面，较充分地表达了设计意图和创作理念。方案从设计到包装表达充分完整，符合规划设计的要求，并结合当地特点，引入符合地域性特色的新设计理念。

方案指导人 • 朱小地
主要设计人 • 杨勇 张涛 李雪 张国超 余慧 韩夏

沿运河鸟瞰效果图

商业地块人视效果图

办公内院平台效果图

其他获奖项目

北京 2019 年世界园艺博览会世园村城市设计　02　北京城市学院顺义校区图书馆　03　北京信息科技大学昌平校区　04　北京国际文化商品展示交易中心

北京画院改扩建工程　06　海口滨海新天地概念方案　07　沧州荷花池商业综合体　08　肥东县政务服务中心建设项目

广西体育教科训一期单体设计　10　广西医科大学东盟国际口腔医学院　11　国家大剧院西侧项目规划设计　12　北京市海淀区田村路 43 号棚改定向安置房项目

河北民族师范学院修建性详细规划　14　银川市华夏河图艺术家村公共区域室内设计　15　吉林市城建档案馆　16　上海市黄浦江东岸开放空间贯通概念方案

17 嘉兴市海绵城市试点建设——嘉兴三馆　18 北京市京城置地定向安置房　19 昆明市云玺城市花园 A3 地块方案设计　20 北京市丽泽商务区莲花河西岸绿地景观设计
21 北京市马良胡同 6 号等五处四合院翻修改造项目之一——马良铸钟胡同　22 北京市马良胡同 6 号等五处四合院翻修改造项目——小翔凤前海胡同　23 黄骅市马营村新民居规划
项目　24 北京市平谷休闲大会规划概念方案　25 北京市前门四合院改造项目　26 北京市前门草厂四条 19 号四合院改造项目　27 北京市清河站交通枢纽　28 厦门市爱鹭老年养
护中心　29 太原市阳曲县青龙镇新镇修建性详细规划设计　30 太原论坛综合功能区策划方案　31 帕劳共和国科罗尔州泰沃德帕劳度假村酒店设计　32 帕劳共和国科罗尔州泰沃
德帕劳度假村山顶会所设计

49 郑州市郑东新区七里河学校　　50 北京市中国爱乐乐团音乐厅及排练配套设施　　51 中国证券期货南方信息技术中心园区规划设计　　52 重庆市丰都县名山组团详细城市设计
53 淄博高新区文体科技中心设计

图书在版编目（CIP）数据

BIAD 优秀方案设计 2016 / 北京市建筑设计研究院
有限公司主编 . —北京 : 中国建筑工业出版社 , 2017.4
ISBN 978-7-112-20527-1

Ⅰ . ① B… Ⅱ . ①北… Ⅲ . ①建筑设计－作品集－中
国－现代 Ⅳ . ① TU206

中国版本图书馆 CIP 数据核字 (2017) 第 049701 号

责任编辑：李成成　李　婧
责任校对：王宇枢　党　蕾

BIAD 优秀方案设计 2016

北京市建筑设计研究院有限公司　主编

中国建筑工业出版社出版、发行（北京海淀三里河路 9 号）

各地新华书店、建筑书店经销

北京建院建筑文化传播有限公司制版

北京雅昌艺术印刷有限公司印刷

开本：965×1270 毫米　1/16　印张：4³/₄　字数：90 千字

2017 年 4 月第一版　2017 年 4 月第一次印刷

定价：90.00 元

ISBN 978-7-112-20527-1

　　　　（29994）